숫자로 끝내는

수학
100

숫자로 끝내는
수학 100

© Quid Publishing Ltd., 2016

초판 1쇄 발행일 2016년 9월 1일
초판 2쇄 발행일 2017년 9월 1일

지은이 콜린 스튜어트   **옮긴이** 오혜정
펴낸이 김지영   **펴낸곳** 지브레인^{Gbrain}
편집 김현주, 백상열
제작 · 관리 김동영   **마케팅** 조명구

출판등록 2001년 7월 3일 제2005-000022호
주소 04021 서울시 마포구 월드컵로7길 88 2층
                          (구. 합정동 433-48 3층)
전화 (02)2648-7224   **팩스** (02)2654-7696

ISBN 978-89-5979-460-7(04430)
       978-89-5979-462-1(04000) SET

• 책값은 뒤표지에 있습니다.
• 잘못된 책은 교환해 드립니다.

숫자로 끝내는

수학

콜린 스튜어트 지음　**오혜정** 옮김

지브레인

CONTENTS

CONTENTS

머리말

수학을 대하는 자세에 따라 사람들을 나눌 수 있다. 학교에서 공부하는 다른 어느 교과목에 비할 바 없이 수학은 사람들을 나누는 데 큰 역할을 한다. 많은 사람들이 스스로를 '수와 친하지 않은 사람' 혹은 '수학을 못하는 사람'이라고 정의한다. 그러나 수학은 다른 언어들과 마찬가지로, 그저 하나의 언어다. 심지어 언어를 말하는 것처럼 문자를 사용하여 표현하기도 한다.

또 새로운 언어를 배울 때처럼 수학 역시 배울 때는 약간의 인내심이 필요하지만 돌아오는 보상은 우리의 생각보다 훨씬 크다. 그것은 자연이 선택한 언어가 수학이기 때문이다. 우주는 본질적으로 수학적이다. 기초적인 수학 어휘를 습득하는 일은 점점 더 복잡해지는 우리 주변의 세상을 극복하기 위한 매우 강력한 도구를 갖추는 것과 같다. 널리 알려져 있듯이, 인류는 이미 수만 년 전부터 수를 다루기 시작했다. 그리고 오랜 시간 동안 우리는 수학의 광산을 조금씩 파내려가며 수학이 제공하는 많은 비결들을 캐냈다. 고대 사람들은 동물 뼈나 점토판에 소수를 새겨 넣었고, 피라미드를 쌓고 고대의 경이로운 유적을 건설할 때는 삼각형 및 기하학적 지식을 사용했다. 오늘날의 인류는 여러 개의 0과 1을 나열하여 현대 첨단 기술 시대를 촉진시키고 있다.

그러나 이것이 인류의 여정에 관한 이야기의 완결을 의미하는 것은 아니다. 최근 컴퓨터를 이용한 뛰어난 계산법의 출현으로 우리는 수 세기 동안 해결하지 못했던 수학적 난제들을 해결했다. 또한 아직까지 해결하지 못한 난제들은 그것들을 해결하기 위한 실마리를 찾는 데 엄청난 재정적 지원이 이루어지고 있다.

아직 수학이 모든 것을 계산해내지는 못하고 해결 못한 난제들도 있지만 그 사실 또한 흥미로울 수 있다. 나는 이 책 전반에 재미있는 수학 문제들을 상세히 배치해놓았다. 수들의 독특하고 흥미로운 특성은 수학이 얼마나 아름다워질 수 있는지를 보여주는 다른 것들에 비해 유익하다. 궁극적으로 수학은 '과학의 여왕'이다.

기호에 대하여

수학은 기호로 채워져 있다. 그 기호들 중에는 매우 친숙한 것들도 있다. 예를 들어 $+$, $-$, $\div$, $\times$ 기호는 덧셈, 뺄셈, 나눗셈, 곱셈의 기초적인 수학 계산을 할 때 사용하는 것들이다.

여러분에게 친숙하지 않은 기호들을 사용할 때는 그 기호들에 대해 설명했다.

다음은 여러분이 이 책을 보기에 앞서 알아야 할 몇 가지 기호를 정리한 것이다.

기호	명칭	의미
$\sqrt{}$	제곱근	지수가 $\frac{1}{2}$인 거듭제곱
$\sum$	시그마	항의 값들을 더한 것
$\int$	인티그럴	적분을 수행하기
$!$	팩토리얼	1부터 어떤 양의 정수 n까지의 모든 정수를 곱한 것
$\neq$	같지 않다	같지 않다

0

덧셈에 대한 항등원

오랫동안 사람들은 수에 영(혹은 0)이 없는 것에 대해 불평하지 않았다. 인류가 먼저 수를 발명한 이유는 셈, 특히 거래를 하기 위해서였다. 크기 개념을 갖는 것은 돼지 1마리와 염소 2마리를 교환하는 것과 같이, 셈이나 거래에서 특히 유용하다. 이 같은 상황을 통해 수 1과 2를 이해하게 된다. 돼지 0마리와 염소 0마리를 교환하는 과정에서는 1, 2의 상황과 달리 이해가 쉽지 않다.

처음으로 '영'이 수에 포함되기 시작한 것은 자리지기의 의미로 사용되면서부터다. 오늘날 세계에서 널리 사용하고 있는 인도-아라비아 수체계가 매우 효율적인 수체계라는 것을 여러분도 알고 있을 것이다(92쪽 참조). 수의 끝자리에 간단히 0을 추가함으로써 0을 붙이기 전의 수보다 10배 큰 수를 표시할 수 있다. 1에 0을 붙여 10이 되고, 10에 0을 붙여 100이 되는 것처럼 말이다. 그러나 이런 방식으로 사용되는 0은 단독으로 수가 아니며, 단지 도구에 불과하다.

▲ 인도 수학자 브라마굽타는 628년경 최초로 숫자에 0을 사용했다.

단순히 셈을 하기 위한 것만은 아니다

7세기가 들어서야 단독으로 0이 하나의 수로 여겨지기 시작했다. 인도의 수학자이자 천문학자였던 브라마굽타^{Brahmagupta}는 628년 《브라마시단타^{Brahmasiddhanta}》에서 처음으로 0에 관한 법칙을 규칙으로 제시했다. 어떤 수에 0을 더하거나 빼면 그 수는 달라지지 않으므로 그 값이 그대로 유지된다. 이에 따라 오늘날의 수학자들은 0을 덧셈에 대한 항등원이라고 한다. 한편 어떤 것에 0을 곱하면 0이 된다. 즉 아무것도 없는 것의 두 묶음은 여전히 아무것도 없는 것이 된다.

하지만 0으로 나누는 것에 대한 문제는 보다 복잡하다. 그 문제에 대한 브라마굽타의 답변은 잘못된 것이다. $\frac{1}{x}$ 의 값에 대하여 x 의 값이 점점 더 작아질수록 어떤 일이 일어나는지 살펴보자.

x 의 값이 0에 가까워질수록 $\frac{1}{x}$ 의 값이 점점 커진다는 것을 알 수 있다. 이에 따라 $\frac{1}{0} = \infty$(무한대 기호)라고 추측할 수도 있다. 하지만 몇 가지 이유로 이것은 거짓이다. 첫 번째, 사실 무한대는 수가 아닌 하나의 개념이다(168쪽 참조). 두 번째, $\frac{2}{x}$ 에 대해서도 마찬가지로 같은 결론을 얻는다. 즉 $\frac{2}{0}$ 도 무한대와 같다. $\frac{1}{0}$ 과 $\frac{2}{0}$ 가 둘 다 동일한 값과 같으면, 이것은 결국 1 = 2라는 어처구니없는 생각에 이르게 된다. 이를 통해 브라마굽타가 잘못 생각했다는 것을 알 수 있다.

마지막으로 x 의 값이 양수일 때만 ∞ 의 답을 얻게 된다. 위의 표에서 첫 번째 세로줄에 절댓값이 같은 음수를 나열하여 $\frac{1}{x}$ 의 값을 구하면 답으로 $-\infty$ 를 추측할 수 있다.

이에 따라 수학자들은 무언가를 0으로 나누는 것을 '부정undefined'이라고 한다. 계산기로 어떤 수를 0으로 나누면 계산기 화면에는 'error'라는 단어가 나타난다.

x의 값	$\frac{1}{x}$의 값
2	0.5
1	1
0.5	2
0.25	4
0.1	10
0.01	100
0.001	1000

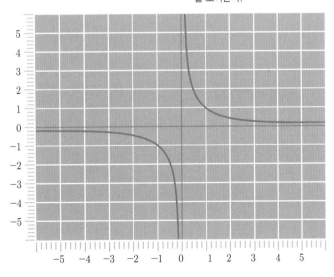

▼ x의 절댓값이 한없이 작아질 때 $\frac{1}{x}$ 와 $\frac{1}{-x}$ 이 0에 가까워지는 것을 보여준다.

1
곱셈에 대한 항등원

1은 우리에게 가장 친숙한 수들 중 하나일 뿐이지만, 수학자들은 수 1에 여러 가지 의미를 부여한다. 임의의 수에 1을 곱하면 값이 달라지지 않기 때문에 1은 '곱셈에 대한 항등원'으로 알려져 있다. 1은 덧셈에 대한 항등원인 0과 유사하다(10쪽 참조). 또 1이 '통일성^{unity}'을 나타낸다고 본 수학자도 있다.

1은 첫 번째 자연수로, 셈을 하는 수의 첫 번째 수라는 의미를 갖는다. 그러나 셈을 할 때 자연수만으로는 불충분하다. 10을 3으로 나누면 어떻게 될까? 자연수로는 이것을 나타낼 수 없다. 2보다 5 작은 수 또한 자연수로 표현할 수 없다. 이에 따라 수학자들은 다른 여러 가지 방법으로 수를 분류하기도 한다.

실제적인 의미에서 1의 가장 유용한 역할 중 하나는 데이터 집합을 표준화할 때다. 12에서 121까지의 수들로 이루어진 데이터 집합 1과, 3에서 83까지의 수들로 이루어진 데이터 집합 2를 비교하려 한다고 하자. 이때 두 데이터 집합에 대해 범위가 다른 수들로 집합을 이루고 있기 때문에, 단순히 수의 크기만으로 두 집합을 비교하는 것은 의미가 없다. 그러나 데이터를 일정한 규칙에 따라 변형하여 이용하기 쉽게 만드는 '정규화^{normalization}' 과정을 이용하면 보다 간단히 비교할 수 있다. 정규화는 각 집합에 있는 모든 수를 다음 식에 대입하여 0과 1 사이의 수로 바꿀 수 있기 때문이다.

$$\frac{x-A}{B-A}$$

이때 x는 정규화시키고자 하는 집합 내의 수를 말하며, A와 B는 집합 내의 최댓값과 최솟값을 말한다.

따라서 데이터 집합1의 원소 73을 정규화시키면 다음과 같다.

$$\frac{73-12}{121-12} = \frac{61}{109} = 0.56$$

마찬가지로 데이터 집합 2의 원소 59를 정규화시키면 다음과 같다.

$$\frac{59-3}{83-3} = \frac{56}{80} = 0.7$$

이때 실제로는 59가 73보다 작지만, 데이터 집합 1에서 73이 나타나는 위치에 비해, 59가 데이터 집합 2에서 더 높은 위치에 나타나는 것을 알 수 있다.

수의 종류

종류	설명
자연수($\mathbb{N}$)	표준 셈수이며, 1부터 시작하여 1씩 커지는 수. 예: $1, 2, 3, 4, \cdots$
0과 양의 정수	자연수에 0을 포함시킨 것. 예: $0, 1, 2, 3, \cdots$
정수($\mathbb{Z}$)	음의 정수, 0, 양의 정수를 통틀어 부르는 말. 예: $\cdots, -2, -1, 0, 1, 2, \cdots$
유리수($\mathbb{Q}$)	두 정수 a와 $b(b \neq 0)$를 $\frac{a}{b}$의 꼴로 나타낸 수. 예: $0.75 = \frac{3}{4}$
무리수	정수 a와 $b(b \neq 0)$를 $\frac{a}{b}$의 꼴로 나타낼 수 없는 수. 예: π(30쪽 참조).
초월수	비순환소수. 예: e(22쪽 참조).
실수($\mathbb{R}$)	정수, 유리수, 무리수, 초월수를 통틀어 부르는 말.
허수	$\sqrt{-1} = i$를 사용하여 나타낸 수(102쪽 참조).
복소수($\mathbb{C}$)	실수와 허수를 통틀어 부르는 말. 예: $3 + 2i$(103쪽 참조).

1.306···

밀스 상수

   소수는 수학의 기초를 이루는 것 중 하나라고 할 수 있다(20쪽 참조). 이에 따라 수학자들은 항상 소수를 찾는 방법에 관심을 가지고 있다. 1947년, 수학자 윌리엄 H. 밀스$^{William\ H.\ Mills}$는 다음 식을 통해 소수를 생성하는 방법을 생각해냈다.

$$\lfloor A^{3^n} \rfloor \qquad$$ A^{3^n}을 둘러싸고 있는 독특한 모양의 괄호는 괄호 안의 값을 0과 양의 정수 중 가장 가까운 값으로 내림을 하라는 의미다.

   밀스는 n에 1, 2, 3, …을 대입함으로써 위의 수식 값이 모두 소수가 되도록 하는 가장 작은 양의 실수 A의 값을 구했다. A의 값은 약 1.3063으로 밀스 상수라 한다.

   실제로 대입을 해보자. $n=1$일 때, 1.3063^3을 계산기를 사용하여 계산하면 화면에 약 2.229가 나타난다. 이 값을 내림하면 첫 번째 소수 2가 된다. $n=2$일 때, $1.3063^{3^2}=1.3063^9$으로 이 값은 약 11.076이다. 이것을 내림하면 소수 11이 된다. 이 방법에 따라 계산을 하더라도 소수 3, 5, 7이 생성되지 않는 것으로 미루어 모든 소수가 생성되지는 않음을 알 수 있다. 그럼에도 불구하고 분명 소수를 생성하는 데는 유용하다.

   그러나 이것은 리만 가설이 참일 경우에만 참이 된다. 독일의 수학자 베른하르트 리만$^{Bernhard\ Riemann}$의 이름을 따서 붙인 리만 가설은 소수가 어떻게 분포되어 있는지에 관한 가설이다. 수학자들은 아직까지도 이 가설이 참이라는 것을 밝혀내지 못했다. 그래서 클레이 수학연구소에서는 이 가설을 증명할 수 있는 사람에게 100만 달러의 상금을 내걸었다(153쪽 참조).

$\sqrt{2}\,(1.414\cdots)$

피타고라스의 상수

학교 수학 수업을 더 이상 받지 않아도 결코 잊히지 않는 개념 중 하나가 아마도 피타고라스 정리일 것이다. 직각삼각형에서 가장 긴 변(c)의 길이의 제곱이 다른 두 변(a, b) 길이의 제곱의 합과 같다. 간단히 말하면 $c^2 = a^2 + b^2$이다.

길이가 짧은 두 변의 길이가 각각 1인 직각삼각형(한 개의 각이 직각인 삼각형)을 생각해보자. 피타고라스 정리에 따르면, 가장 긴 빗변의 길이 제곱은 $1^2 + 1^2 = 2$와 같다. 따라서 빗변의 길이는 이 값의 제곱근으로 피타고라스 상수라 하며, 소수점 아래 두 자리까지 나타내면 1.41이 된다. 이 수는 무리수로, 무리수는 유한소수도 순환소수도 아닌 수이다. 이것은 무리수가 분수로 간단히 나타낼 수 없는 수라는 것을 의미한다.

고대인들의 생각

피타고라스 $^{Pythagoras,\ BC\ 569\sim}$ ^{500년경}는 역사상 가장 유명한 수학자들 중 한 명일 것이다. 그러나 그가 이 개념을 처음으로 알아낸 사람이었는지는 확실치 않다. 심지어 이것이 그의 정리로 널리 알려지게 된 것은 서기 4세기가 되어서였다. 피타고라스에 앞

▼ 고대 바빌로니아의 수학 점토판 플림프톤 322. BCE 1800년경 제작된 것으로 추정되며 피타고라스의 정리를 이해하고 있음을 보여준다.

서 적어도 천 년 전의 고대 바빌로니아인들의 점토판에는 빗변의 길이
를 계산하는 여러 규칙뿐만 아니라, 소수점 아래 몇째 자리까지 $\sqrt{2}$ 의
근삿값이 기록되어 있다.

이 상수에 피타고라스의 이름을 붙인 것은 아마도 그가 직각삼각형
에 대하여 성립하는 변들 사이의 관계를 처음으로 증명했기 때문일 것
이나. 정확한 증명법이 미스터리로 남겨진 것은 그가 연구 기록을 전혀
남기지 않았기 때문이다. 하지만 피타고라스는 도형을 다루는 수학 분
야인 기하학을 사용했을 것으로 보인다.

짧은 두 변의 길이가 각각 3과 4인 직각삼각형에 대하여, 피타고
라스의 정리가 참이라면 빗변의 길이는 $5^2=3^2+4^2$에 의
해 5가 되어야 한다. 이를 확인하기 위해 삼각
형의 짧은 두 변 위에 두 개의 정사각
형을 그려보자. 길이가 3인 변
위에 그린 정사각형의 넓이는
$9(3\times3)$이고, 길이가 4인 변 위에
그린 정사각형의 넓이는 $16(4\times4)$
이 된다. 또 삼각형의 빗변 위에 정
사각형을 그려보면 그 넓이가 25 또는
16+9가 됨을 알 수 있다.

피타고라스의 정리를 만족시키는 3, 4, 5
와 같은 수들을 피타고라스의 세 쌍이라고 하
며, 건축을 할 때 유용하다. 예를 들어 고대 이
집트인들은 일정한 간격으로 12개의 매듭이 지
어져 있는 밧줄을 사용했다. 그 밧줄로 삼각형
을 만들면 한 변에는 세 개의 매듭, 다른 변에는
네 개의 매듭, 가장 긴 변에는 다섯 개의 매듭
이 놓이며 완벽한 직각삼각형이 만들어졌던 것
이다.

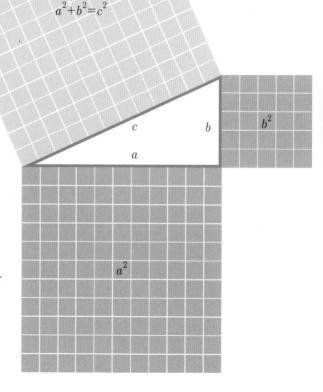

▼ 피타고라스가 어떻게 증명했
는지는 분명하지 않지만, 직
각삼각형의 각 변 위에 정사
각형을 그리는 방법으로
피타고라스 정리를 증명
했던 것으로 보인다.

16

오늘날의 예

오늘날에도 이 개념은 매우 강력하게 적용되고 있다. 예를 들어 1980년경, 미국의 전기 공학자 로버트 메트카프 ^{Robert Metcalfe}는 메트카프의 법칙을 주장했다. 이것은 통신망 사용자에 대한 효용성을 나타내는 망의 가치는 대체로 사용자 수의 제곱에 비례한다는 것이다. 이 법칙에 대한 타당성은 여전히 논란이 되고 있지만, 피타고라스의 이론은 한 가지 흥미로운 통찰을 제공한다.

다섯 명이 사용하는 네트워크와 네 명이 사용하는 네트워크, 세 명이 사용하는 또 다른 네트워크가 있다고 하자. $5^2=3^2+4^2$이므로 메트카프 법칙과 결합된 피타고라스 정리에 의하면 다섯 명이 사용하는 네트워크가 다른 두 개가 결합된 네트워크보다 훨씬 강력하다는 것이다. 심지어 두 개의 네트워크를 일곱 명 모두가 사용하더라도 말이다. 이런 생각은 페이스북, 트위터와 같은 사회적 네트워크의 힘이 사용자의 수가 늘어남에 따라 증가하는 방식을 어림하는 데 사용되고 있다.

피타고라스

그리스 사모스 섬에서 태어난 피타고라스는 수학자나 과학자들은 이성적일 것이라고 생각하는 우리의 고정관념과는 거리가 멀었다. 그는 피타고라스의 학설이라는 자신만의 신조를 바탕으로 종교를 설립한 신비주의자로, 전설에 따르면 그의 이름을 붙인 정리를 증명했을 때는 그 공을 신에게 돌리며 황소 100마리를 잡아 감사의 제물로 바쳤다고 한다. 그의 제자들은 콩에 죽은 자의 영혼이 들어 있다고 믿었기 때문에 콩을 두려워하기도 했다.

피타고라스학파는 수, 특히 0과 양의 정수를 아름답다고 여겼으며 학교 위에 있는 돌에 '모든 것이 수이다'라는 문장을 새겨 넣었다. 소문에 의하면 피타고라스는 $\sqrt{2}$가 그가 소중히 여긴 양의 정수의 비로 나타낼 수 없는 무리수라는 것을 알았을 때, 의욕을 잃었다고 한다. 몇몇 사학자들에 따르면, 피타고라스는 이들 수를 '금기어'로 분류했으며 피타고라스학파이자 철학자인 히파수스^{Hippasus}가 무리수에 대해 세상 사람들에게 말하려 하자 그를 바다에 빠뜨려 익사시켰다고 한다.

$\Phi(1.618\cdots)$

황금비

13세기, 피보나치로 알려진 피사의 레오나르도는 오늘날의 유명한 수열 $1, 1, 2, 3, 5, 8, 13, 21, 34, 55\cdots$를 소개한 책을 출간했다. 피보나치수열로 알려진 이 수열의 각 항은 앞의 두 항의 값을 더한 값으로 구성되어 있다. 즉 $1+1=2, 1+2=3, 2+3=5, 3+5=8\cdots$.

피보나치수열의 각 항의 값을 바로 앞 항의 값으로 나누면 흥미로운 일이 일어난다. 즉 $\frac{1}{1}, \frac{2}{1}, \frac{3}{2}, \frac{5}{3}, \frac{8}{5}, \frac{13}{8}, \cdots$의 계산을 계속 반복하면, 1.618로 시작하는 어떤 수에 점점 더 가까워진다. 이 사실은 수 세기가 지난 후 독일의 천문학자이자 수학자 요하네스 케플러(74쪽 참조)에 의해 증명되었다. '황금비'로 알려져 있는 이 수는 기호 Φ를 사용하여 나타내며, 정확한 값은 $\frac{1+\sqrt{5}}{2}$이다.

그러나 황금비에 대한 생각은 훨씬 더 오래전부터 이루어졌다. 그 정의를 최초로 기록한 것은 기원전 308년 유클리드의 유명한 수학책《기하학원론》에서다(37쪽 참조). 황금비에 매료된 고대 그리스인들은 파르테논 신전과 같은 역사적인 구조물을 축조할 때에도 황금비를 사용했다고 한다. 그러나 이는 다소 과장된 것으로 여겨진다. 그것은 현대 사상가들이 과거에 대하여 부적절한 의미를 부여한 탓이다. 레오나르도 다 빈치의 비투르비우스의 인체가 황금비를 사용하여 그린 것이라는 말도 과장된 예 중 하나이다. 실제로 이것은 Φ에 의미를 부여하려는 약간의 잘못된 집착에 기인한 것이라 할 수 있다.

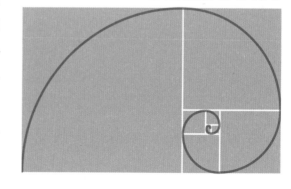

▼ 피보나치 수열. 연속적인 $\frac{1}{4}$ 원호 형태를 각 정사각형에 내접하도록 그리면 황금비를 이루게 된다.

앵무조개 껍데기에는 황금비가 없다

Φ는 자연, 특히 연체동물의 일종인 앵무조개의 껍데기에서 찾아볼 수 있다고 종종 말한다. 그 이유를 알아보기 위해 먼저 피보나치의 사각형을 살펴보기로 하자. 피보나치 사각형은 피보나치수열의 각 항의 값과 길이가 같은 변을 한 변으로 하는 정사각형들을 덧붙여가며 그린다. 이때 각 정사각형에서 한 변의 길이를 반지름으로 하는 $\frac{1}{4}$ 원호를 각 정사각형에 내접하도록 그려 넣으면 나선이 그려진다. 이런 방식으로 나선을 그린 결과, 나선 위의 각 점은 각 정사각형에서 $\frac{1}{4}$ 회전할 때마다 그 중심으로부터 바로 앞 $\frac{1}{4}$ 원 반지름 길이의 거의 1.618배 멀어진 곳에 위치하게 된다. 그것은 피보나치수열에서 항의 수가 많아질 때에만 각 항의 값의 비가 Φ에 가까워지기 때문이다.

매 회전 때마다 일정한 어떤 수의 배수만큼 확장되도록 그린 나선을 '로그' 나선이라고 한다. 특히 그 일정한 수가 Φ일 때, 그 나선을 '황금' 나선이라고 한다. 앵무조개와 같은 생물의 껍데기는 실제로 로그 나선 모양을 하고 있지만, 나선이 중심으로부터 점점 확장되도록 하는 데 영향을 미치는 그 일정한 수는 Φ가 아니다. 그러나 이것은 플라톤의 입체도형의 변의 길이나 각의 크기 등 수학의 다양한 영역에서 찾아볼 수 있다.

▲앵무조개 껍데기. 모양은 로그 나선이지만, 나선이 황금 비율에 따라 확장되어가는 것은 아니다.

피보나치 Fibonacci, 1170~1250

이탈리아의 피사에서 태어난 피보나치는 1202년 피보나치수열을 소개한 《산반서Liber Abaci (계산에 관한 책)》를 출간했다. 이 책은 유럽에 인도-아라비아 수체계를 전파시키는 중요한 역할을 했다(92쪽 참조). 피보나치가 이 수체계를 접한 것은 소년 시절 아버지와 알제리를 여행하던 도중이었다.

그가 처음 자신의 이름이 붙은 유명한 수열을 생각한 것은 토끼의 번식 습성을 연구하면서였지만, 피보나치 수열로 알려진 것은 19세기가 되어서였다.

2

가장 작은 소수

건축업자들에게 벽돌이 필요한 자재인 것처럼 수학자들에게는 소수가 그렇다. 수학의 대부분의 분야에서 소수가 다루어지고 있기 때문이다.

소수는 정확히 두 수, 1과 자기 자신으로만 나누어떨어지는 수를 말한다. 이때 1은 한 개의 수, 오로지 자기 자신으로만 나누어떨어지므로 소수가 아니다. 0도 자기 자신을 제외한 모든 수로 나누어떨어지므로 소수가 아니다(10쪽 참조). 2는 가장 작은 소수인 동시에 유일하게 짝수인 소수다. 그것은 2를 제외한 다른 모든 짝수는 2로 나누어떨어지기 때문이다.

소수가 아닌 수를 '합성수'라 한다. 소수 '벽돌'들을 함께 곱해서 얻을 수 있기 때문이다. 이를테면, $6 = 2 \times 3$ 또는 $99 = 3 \times 3 \times 11$이다. 이들 벽돌을 '소인수'라고 한다. 이 책의 다른 페이지에서 수학자들이 소수를 찾고 그 수가 소수인지 아니면 합성수인지를 판정하는 다양한 방법들을 고안해낸 것에 대해 소개했다.

빠른 소수 판정법

어떤 수의 각 자리의 숫자들을 모두 더한 값이 3으로 나누어떨어지면, 그 수도 3으로 나누어떨어지며, 따라서 소수가 아니다. 예를 들어 351에 대하여 $3 + 5 + 1 = 9$이고, 9는 3으로 나누어떨어진다. 따라서 351은 소수가 아니다.

5를 제외한 나머지 수 중에서 5로 끝나는 수는 어떤 것도 소수가 아니다. 그 수들이 5로 나누어떨어지기 때문이다. 마찬가지로 0으로 끝나는 모든 수는 10으로 나누어떨어진다.

무수히 많다!

그렇다면 소수들은 얼마나 많이 존재할까? 기원전 300년경, 유클리드는 《기하학원론》에서 소수가 무수히 많다는 것을 증명했다(37쪽 참조). 이는 '귀류법'으로 증명할 수 있다. 귀류법은 명제의 결론을 부정함으로써 가정 등이 모순됨을 보여줘 결국 결론이 성립함을 증명하는 방법이다.

소수의 개수가 유한(n개)하다고 가정해보자. 첫 번째 소수를 p_1, 두 번째 소수를 p_2, 세 번째 소수를 p_3와 같이 나타내고 마지막 n번째 소수를 p_n이라 하자. 이번에는 모든 이 소수들을 함께 곱한 다음 1을 더한 수를 Q라고 하자. 이때 Q가 소수이면, 처음 n개의 소수 중에 이 수가 없었으므로 소수가 n개만 있는 것이 아님을 알 수 있다. 또 Q가 합성수이면 Q를 소인수들의 곱으로 나타낼 수 있어야 한다. 하지만 이미 모든 소수들을 곱하고 1을 더하여 Q를 만들었기 때문에 또 다른 소수가 더 필요하다. 그런데 처음 n개의 소수에 그 다른 소수가 포함되어 있지 않으므로 마찬가지로 소수가 n개만 있는 것이 아님을 알 수 있다. 즉 소수는 무수히 존재한다!

▼ 다음은 100까지의 소수를 나타낸 것으로, 불규칙하게 분포되어 있음을 알 수 있다. 이 분포에 관한 패턴을 발견하는 일은 수학에서 매우 대단한 일 중 하나이다.

1	2	3	4	5	6	7	8	9	10
11	12	13	14	15	16	17	18	19	20
21	22	23	24	25	26	27	28	29	30
31	32	33	34	35	36	37	38	39	40
41	42	43	44	45	46	47	48	49	50
51	52	53	54	55	56	57	58	59	60
61	62	63	64	65	66	67	68	69	70
71	72	73	74	75	76	77	78	79	80
81	82	83	84	85	86	87	88	89	90
91	92	93	94	95	96	97	98	99	100

$e\,(2.718\cdots)$

오일러 상수

오일러 수는 수학에서 가장 많이 등장하는, 가장 유명한 수 중 하나다. 이 수의 이름은 스위스의 수학자 레온하르트 오일러$^{\text{Leonhard Euler,}}$ $^{1707\sim1783}$에서 유래했다. 사실 오일러가 이 수를 발견한 것은 아니다. 이 수를 최초로 발견한 사람은 오일러와 동향인 야콥 베르누이$^{\text{Jacob Bernoulli}}$다. 오일러는 단지 처음으로 문자 e를 사용하여 나타냈을 뿐이다.

베르누이는 복리계산 연구 과정에서 이 수를 발견했다. 이자는 계산 방법에 따라 단리와 복리로 나뉜다. 단리 이자는 원금에 대해서만 이자를 계산하는 방식이고, 복리 이자는 원금에 대한 이자뿐만 아니라 이자에 대한 이자도 계산하는 방식이다.

따라서 만일 연이율 100%의 단리로 1달러를 적립할 때, 첫해의 연말이 되면 2달러로 늘어나게 된다. 그런데 복리로 6개월마다 이자가 지급되면 첫해의 연말에 2.25달러가 될 것이다. 그것은 첫 번째 6개월 후에 받는 첫 번째 이자가 $\$1\times0.5=\$0.50$이고 다시 6개월 후에 받는 두 번째 이자는 $\$1.5\times0.5=\$0.75$이므로 따라서 첫해 연말에 돈은 2.25달러가 된다. 이자를 더 자주 지급받을수록 첫해의 연말에 받는 돈은 더 늘어나게 된다. 매주 이자를 지급받으면 연말에는 모두 2.69달러를 받게 되며, 매일 이

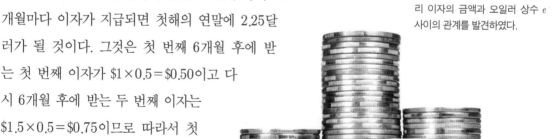

▼ 야콥 베르누이는 적립금의 복리 이자의 금액과 오일러 상수 e 사이의 관계를 발견하였다.

자를 받는다면 연말에는 2.71달러를 받게 된다. 이자를 더 자주 받을수록 연말에 받는 돈은 보다 e에 가까워진다.

이것은 자연로그의 토대가 되었다(104쪽 참조). 로그표는 1618년 존 네이피어가 출간한 책에서 처음 언급되었으며, 베르누이가 사용한 것보다 좀 더 빠른 것이었다. 하지만 그 책에서는 이 상수를 정확하게 언급한 것이 아니었으며 또 명칭을 제시하지도 않았다. 이 상수는 지수함수 e^x의 일부에서도 찾을 수 있다. 이런 이유로 오일러는 오일러 상수를 문자 e로 나타냈던 것이다. 지수함수는 지속적으로 증가하는 것이나 감소하는 것(이를테면 복리계산 혹은 방사선 반감기 등)과 관련된 과정을 설명할 때 유용하다.

오일러 상수 e는 세상에서 가장 아름다운 공식인 오일러의 공식 $e^{i\pi} - 1 = 0$에 허수단위 i(102쪽 참조), π(30쪽 참조), 1, 0과 함께 포함됨으로써 수학에서의 주요 상수로서의 위치를 공고히 하게 되었다.

레온하르트 오일러

"오일러를 읽고 또 읽어라. 그는 우리 모두의 스승이다." 이것은 프랑스의 수학자 피에르 시몽 라플라스$^{Pierre\ Simon\ Laplace,}$ $^{1749~1827}$가 남긴 말이다. 실제로 많은 사람들이 오일러를 18세기의 가장 위대한 수학자로 여기고 있다.

오일러는 스위스의 북부 도시 바젤의 신앙심이 돈독한 가정에서 태어났다. 아버지는 목사였다. 그는 겨우 열세 살 때 지역 대학에 입학하였으며, 빠르게 수학적 잠재력을 보여주었다. 1727년, 러시아로 옮겨가 상트페테르부르크(18세기 표트르 대제가 건립한 도시) 학술원에 있는 다니엘 베르누이와 공동 연구를 했다.

오일러는 오늘날 수학에서 사용하는 많은 수학기호들을 통일시킨 것으로 알려져 있다. 이를테면 함수를 사용하고, 이들 함수를 $f(x)$로 나타내는가 하면, 허수단위의 기호로 i를 쓰고, 합을 나타내는 기호로 $\sum$를 도입하였으며, 자연로그 밑으로 자신의 이름을 딴 e를 사용했다.

3

삼각형의 종류

　이름에서 알 수 있듯이, 삼각형은 세 개의 내각을 가진 2차원 도형(다 각형)이다. 삼각형은 종종 세 변의 상대적 길이에 따라 크게 세 종류로 분류할 수 있다. 삼각형을 그릴 때 변의 길이가 같은 경우는 길이가 짧 은 선분을 그어 표시하고, 각의 크기가 같을 경우에는 같은 모양의 호 를 그려 나타내기도 한다.

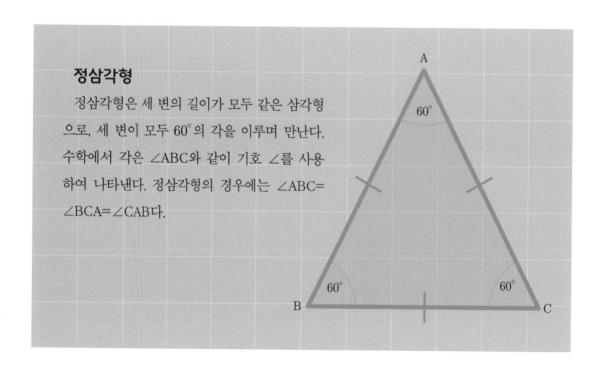

정삼각형

　정삼각형은 세 변의 길이가 모두 같은 삼각형 으로, 세 변이 모두 60°의 각을 이루며 만난다. 수학에서 각은 ∠ABC와 같이 기호 ∠를 사용 하여 나타낸다. 정삼각형의 경우에는 ∠ABC= ∠BCA=∠CAB다.

∠ABC= ∠CAB= ∠ACB

이등변삼각형

이등변삼각형은 세 개의 변 중 두 개의 길이가 같은 삼각형을 말한다. 서로 마주 보고 있는 길이가 같은 두 변 아래에 놓인 두 밑각의 크기는 서로 같다. 이 사실은 라틴어로 '당나귀의 다리'라는 뜻의 'pons asinorum'으로 유명하며, 유클리드의 《원론(기하학원론)》에도 나타난다(37쪽 참조). 이것은 겁 많은 당나귀가 다리를 건너기 싫어하듯, 어떤 학생이 pons asinorum의 명제가 참임을 증명하지 못하면 아마도 더 수준 높은 수학을 할 수 없게 될 것이라는 사실에서 그런 이름이 붙은 것으로 여겨진다.

부등변삼각형

부등변삼각형은 세 변의 길이가 모두 다른 삼각형을 말한다. 따라서 세 내각의 크기 모두 같지 않다. 정삼각형이나 이등변삼각형과 달리 부등변 삼각형은 세 변의 길이가 모두 다르다는 것을 나타내기 위해, 각 변 위에 길이가 짧은 선분을 한 개짜리, 두 개짜리, 세 개짜리를 각각 그어 표시함과 동시에, 세 내각의 크기가 모두 다르다는 것을 나타내기 위해 호를 한 개짜리, 두 개짜리, 세 개짜리를 그어 표시한다.

따라서 이 경우에

$\angle ABC \neq \angle CAB \neq \angle ACB$다.

3

가장 작은 메르센 소수

메르센 소수는 2의 거듭제곱보다 1 작은 소수를 말한다. 공식적으로는 $M_n = 2^n - 1$과 같이 나타낸다.

2^5은 $2 \times 2 \times 2 \times 2 \times 2 = 32$다. 32보다 1 작은 수는 31로 소수다. 이것은 31이 메르센 소수(M_5)임을 의미한다. 이들 메르센 소수 중 가장 작은 것(M_2)은 $2^2 - 1 = 3$이다. 처음 네 개의 메르센 소수 3, 7, 31, 127은 모두 고대 그리스 수학자들에 의해 발견되었다. 열 번째 메르센 소수 $2^{89} - 1$는 20세기가 되어서야 발견되었다.

항상 옳은 것은 아니다

메르센 소수는 프랑스의 수사 마랭 메르센[Marin Mersenne, 1588~1648]의 이름을 따서 붙인 것이다. 메르센은 n이 1보다 큰 자연수일 때 $2^n - 1$이 소수일지도 모른다고 생각했다. 하지만 n이 어떤 수든 $2n - 1$이 항상 소수인 것은 아니었다. $n = 11$일 때 $2^{11} - 1$이 소인수분해가 된다는 것을 알게 됐다. 즉 소수가 아니었던 것이다. 그가 찾은 소수 중에는 두 개가 소수가 아닌 것이 포함되어 있었고 또 세 개가 빠져 있었다. 메르센은 $2^{67} - 1$이 소수라고 주장했지만, 1903년 미국의 수학자 프랭크 콜[Frank Cole]이 소수가 아님을 입증했다. 콜은 미국 수학회의의 회의 도중 말없이 칠판에 $2^{67} - 1$을 147,573,952,589,676,412,927로 계산한 뒤 칠판의 다른 한쪽에 193,707,721 × 761,838,257,287을 적고, 곱셈을 해보였다. 그 결과 처음 계산한 것과 일치했다. 그는 단 한 마디의 말도 하지 않고 다시 좌석으로 돌아왔다. 그가 M_{67}의 약수들을 찾는 데는 '일요일들의 합이 3년이 되는 시간'만큼 걸렸다.

3

삼각함수의 수

피타고라스 정리는 직각삼각형의 변의 길이 사이의 관계를 나타내고 있으므로(15쪽 참조), 두 변의 길이를 알고 있으면 나머지 한 변의 길이를 구할 수 있다. 그렇다면 한 변의 길이만 알고 있으면 어떨까? 직각이 아닌 두 각의 크기 중 하나를 알고 있으면 구하고자 하는 변의 길이를 구할 수 있다. 비슷한 방법으로, 두 변의 길이를 알고 있으면 한 각의 크기를 구할 수 있다. 이들 계산은 삼각비로 알려진 수학 분야에서 다루어진다. 삼각비는 계산하는 방법이 보다 복잡해지기는 하지만, 직각삼각형이 아닌 삼각형에 대해서도 내각의 크기를 구할 때 이용되기도 한다.

조제프 푸리에

푸리에는 프랑스의 오세르에서 태어났다. 아버지는 재단사였으며, 아홉 살 때 고아가 되었다. 빈민 가정에서 태어났지만 상류층과 교류하며 자신의 힘으로 위로 올라가던 푸리에는 1798년에는 나폴레옹의 이집트 탐험 원정대에 과학에 대한 조언자로 임명되기도 했다.

과학에 있어 가장 주목할 만한 성취는 고체를 통과시켜 열을 어떻게 전파시킬 것인지에 대한 문제에 관심을 기울일 때 이루어졌다. 그는 열원을 일련의 사인와 코사인 곡선으로 모델링함으로써 열을 전달시키는 방정식을 해결했다. 이들 곡선의 결합은 푸리에 급수로 알려져 있다.

삼각비

이들 계산에서는 사인, 코사인, 탄젠트의 세 삼각비를 이용한다. 그림과 같이 직각삼각형의 세 변에 대하여 길이가 가장 긴 변인 빗변의 길이를 c, 직각을 낀 두 변의 길이를 각각 a, b라 하자. 또 밑각의 크기를 그리스 문자 θ(세타)로 나타내자.

이때 다음 세 가지 삼각비에 따라 알고자 하는 변의 길이 또는 각의 크기를 구할 수 있다.

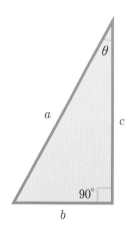

$$\sin \theta = \frac{b}{a}$$

$$\cos \theta = \frac{c}{a}$$

$$\tan \theta = \frac{b}{c}$$

구체적으로 예를 들어 변의 길이 및 각의 크기를 구해보자. 오른쪽의 직각삼각형에서, 사인의 정의에 따라 변 a의 길이를 구해보자.

$$\sin 30^\circ = \frac{b}{5}$$

이것으로 보아 변 a의 길이가 $\sin 30^\circ$의 5배임을 알 수 있다. 이때 계산기를 사용하여 $\sin 30^\circ$의 값을 구하면 0.5이므로 변 b의 길이는 2.5이며 빗변 길이의 절반인 셈이다. 한편 이 삼각비를 이용하여 각의 크기를 구할 수도 있다. 빗변 a의 길이가 5이고, 변 b의 길이가 2.5라는 사실을 알고 있을 때, 다음과 같이 쓸 수 있다.

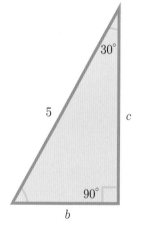

$$\sin \theta = \frac{2.5}{5} = 0.5$$

이때 각 θ를 구하기 위해, 계산기에 있는 '사인의 역함수'를 나타내는 $\sin^{-1}$ 버튼을 눌러보자. 그러면 다음과 같이 각의 크기를 구할 수 있다.

$$\sin^{-1} 0.5 = 30^\circ$$

▲ 직각삼각형에서 직각이 아닌 한 각의 크기와 한 변의 길이를 알고 있으면, 삼각비를 이용하여 다른 변의 길이를 구할 수 있다.

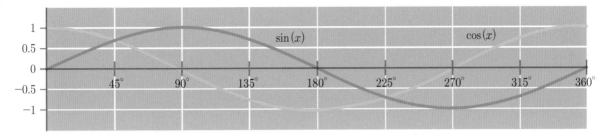

▲ 사인함수와 코사인함수는 모두 주기함수이다. 이 두 함수의 그래프는 360°를 주기로 하여 같은 모양이 반복된다.

삼각형에서만 이용되는 것은 아니다

세 개의 삼각비는 삼각형과 기하학을 훨씬 뛰어넘는 영역에서 사용되고 있다. 만일 0°와 360° 사이의 각에 대하여 θ의 값을 달리하여 $\sin\theta$, $\cos\theta$에 대입한 결과를 점을 찍어 그래프로 나타내면, 위의 그림과 같은 파도 모양이 나타날 것이다. 360° 이상의 각의 크기에 대해서는 그 모양이 반복해서 나타나게 된다. 이런 이유로 사인함수와 코사인함수는 '주기'함수로 알려져 있다. 탄젠트함수의 그래프는 사인함수, 코사인함수와 그 모양이 다르게 나타나지만 주기함수이다.

반복되는 파도 같은 사인함수의 특성은 파도와 같은 이동하는 빛과 소리 등의 물질의 성질을 모델링하기 위해 물리학과 공학에서 특히 유용하다. 전기는 교류(AC) 형태로 각 가정에 공급된다. 만일 전압을 올리게 되면 그것은 사인곡선처럼 보인다. 이를 정현파적 진동 변화라고 한다. 물리학과 공학에서는 매우 복잡한 주기함수를 단순한 사인함수와 코사인함수가 결합된 것으로 줄이는 일에 많은 관심을 기울인다. 복합적인 함수를 보다 기초적인 요소로 분해시키는 것이 푸리에 해석으로 알려져 있다. 이것은 프랑스의 수학자 조제프 푸리에 Joseph Fourier, 1768~1830의 이름을 따서 붙인 것이다.

π $(3.141\cdots)$

원주율

기호 π는 피타고라스 정리(15쪽 참조)와 함께 중학교 수학에서 자주 다룬다. π는 원의 지름에 대한 원의 둘레의 길이의 비율을 말한다. 원 지름의 길이가 1인치이면 둘레의 길이는 약 3.14인치와 같다. 이때 둘레의 길이를 정확한 값이 아닌 '약' 3.14인치라고 한 것은 π가 무리수이기 때문이다. 무리수는 비순환소수이며, 하나의 분수로 나타낼 수 없다.

원주율은 적어도 기원전 8세기 이후에 알려지기 시작했지만, 18세기 중반이 되어서야 π로 나타내게 되었다. 1936년에 발굴된 바빌로니아 석판에는 π의 값으로 근삿값 $\frac{25}{8}$(=3.125)를 사용했다는 것을 보여주는 수학 문서가 포함되어 있었다. 이 값은 실제의 원주율과 0.5%밖에 차이가 나지 않는다. 기원전 4세기경, 천문학자들은 π의 값으로 근삿값 $\frac{339}{108}$를 사용했는데, 이것은 단지 0.09%밖에 차이가 나지 않는다.

π의 값으로만 책을 만들면?

컴퓨터를 사용하지 않고 소수점 아래의 수를 가장 길게 계산한 사람 중 하나로 영국의 윌리엄 생크스 William Shanks를 들 수 있다. 1873년 그는 손으로 직접 계산하여 소수점 아래 527자리까지 정확히 계산했다. 1989년에는 컴퓨터를 사용하여 처음으로 소수

π를 사용하여 넓이와 부피 구하기

원과 관련된 도형은 어떤 것이든 π를 사용하여 그 넓이와 부피를 구할 수 있다. 넓이와 부피를 구할 때 필요한 원의 반지름 길이를 r, 도형의 높이를 h라 할 때 넓이와 부피를 구하는 식은 다음과 같다.

원의 면적=πr^2

구의 부피=$\frac{4}{3}\pi r^3$

구의 겉넓이=$4\pi r^2$

원기둥의 부피=$\pi r^2 h$

원뿔의 부피=$\frac{1}{3}\pi r^2 h$

점 아래 10억 자리 이상까지 확장시켰다. 오늘날에는 소수점 아래 12조 1000억 자리까지 확장시켰다. 이 값만으로 책을 만들기 위해서, 서체를 타임스뉴로먼체로 하고, 글자 크기가 10이며, 한 장에 5,500자가 인쇄되는 편지지 크기의 종이에 인쇄하게 되면 모두 11억 장의 종이가 필요하다. 또 종이 한 장의 두께가 0.05밀리미터일 때, 이 책의 높이는 무려 34마일이나 된다.

뷔퐁의 바늘

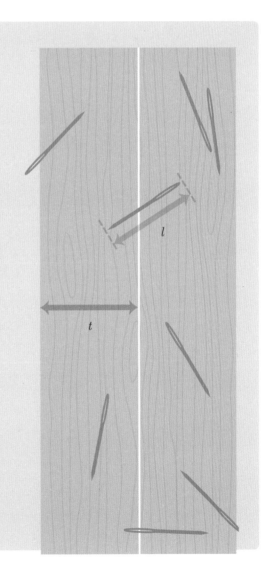

18세기 조르주루이 르클레르 드 뷔퐁 Georges-Louis Leclerc de Buffon 백작은 처음에 π와 거의 관계가 없을 것 같은 문제를 제기했다. 그러나 이 문제의 답은 원, 넓이, 부피 이상의 것을 설명한다.

뷔퐁은 넓이가 모두 같은 목재 널판을 평행하게 깔아 만든 마루 위에 임의로 바늘을 떨어뜨리는 모습을 상상했다. 단, 각 바늘의 길이는 널판의 폭보다 짧다. 이때 바늘이 두 널빤지 사이의 선 위에 놓일 확률은 얼마일까?

두 널빤지 사이의 선 위에 놓이는 바늘의 수를 x, 떨어뜨린 바늘의 총 개수를 n이라 할 때, x에 관한 식은 다음과 같다.

$$x \approx \frac{2nl}{\pi t}$$

단, l은 바늘의 길이, r는 널빤지의 폭을 말한다.

원한다면 수십 개의 바늘을 던지는 실험을 통해 π의 근삿값을 구할 수 있으며, 또 위의 식을 π에 관한 식으로 정리하여 다음과 같이 π의 근삿값을 구할 수도 있다.

$$\pi \approx \frac{2nl}{xt}$$

4

도형 변환의 기본 유형

수학에서 도형 모양을 변화시키는 것을 도형의 변환이라고 하며, 평행이동, 회전이동, 대칭이동, 닮음변환의 네 가지가 있다. 처음의 도형을 '오브젝트^{object}', 새로운 도형을 '이미지^{image}'라고 한다. 평행이동, 회전이동, 대칭이동의 경우에는 오브젝트와 이미지가 '합동'이 된다. 하지만 닮음변환일 경우에는 오브젝트와 이미지가 서로 '닮게' 된다.

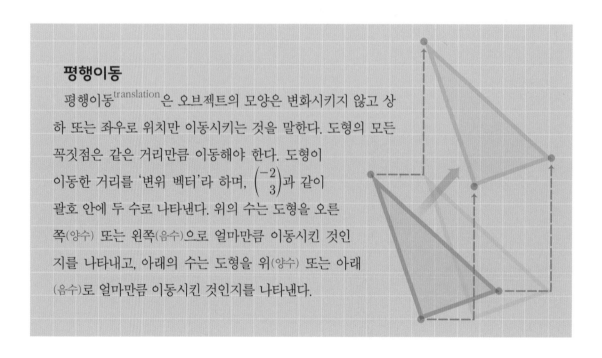

평행이동

평행이동^{translation}은 오브젝트의 모양은 변화시키지 않고 상하 또는 좌우로 위치만 이동시키는 것을 말한다. 도형의 모든 꼭짓점은 같은 거리만큼 이동해야 한다. 도형이 이동한 거리를 '변위 벡터'라 하며, $\binom{-2}{3}$과 같이 괄호 안에 두 수로 나타낸다. 위의 수는 도형을 오른쪽(양수) 또는 왼쪽(음수)으로 얼마만큼 이동시킨 것인지를 나타내고, 아래의 수는 도형을 위(양수) 또는 아래(음수)로 얼마만큼 이동시킨 것인지를 나타낸다.

회전이동

모든 회전이동^{rotation}은 한 점을 중심으로 회전시켜 이동시키는 것을 말한다. 이때 회전각을 반드시 명시해야 한다. 회전각은 각이나 360도 회전에 대한 분수$\left(\frac{1}{4}, \frac{1}{2}, \frac{3}{4} \, 등\right)$로 제시한다. 오브젝트 위 임의의 점에 대하여 이에 대응하는 이미지상의 점은 회전의 중심점 주변에서 같은 각도만큼 이동시킨 곳에 위치하게 된다.

대칭이동

대칭이동^{reflection}은 마치 거울을 통해 보는 것처럼 오브젝트를 똑같이 다시 그리는 것으로 생각할 수 있다. 도형이 어떤 선에 대해 그 선을 따라 접으면 완전히 겹쳐질 때, 그 선을 '대칭축'이라고 한다. 오브젝트와 이미지는 항상 대칭축으로부터 같은 수직거리에 위치한다.

닮음변환^{resizing}

도형의 크기를 변화시킬 때, 그 크기를 얼마만큼 확대시키거나 축소시킬지를 나타내는 닮음비와 닮음의 중심을 알아야 한다. 닮음의 중심은 도형의 내부 또는 외부에 위치할 수 있으며 그 위치에 따라 이미지가 다르게 그려진다.

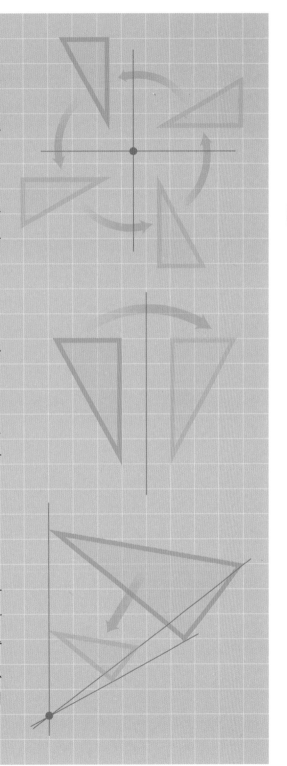

4

4색 정리

세계지도를 떠올려보자. 지도에서 인접한 두 나라를 서로 다른 색으로 칠하려면 몇 가지 색이 필요할까? 이는 네 가지 색이면 가능하다는 것이 밝혀졌다. 하지만 이 4색 정리를 증명하는 것은 매우 어려운 것으로 알려져 있다.

이 문제는 1852년 남아프리카 공화국의 수학자 프랜시스 거스리$^{Francis\ Guthrie}$가 처음 공식적으로 제기했다. 그는 영국 지도에 있는 지역들을 색깔별로 구분하여 색칠하던 도중, 최대 네 가지 색을 사용하면 각 지역을 색칠할 수 있다는 것을 발견했다. 다섯 번째 색은 단 한 번도 필요하지 않았다. 프란시스의 동생 프레더릭이 영국의 유명한 수학자 오거스터스 드모르간에게 이 문제에 대해 문의하자 드모르간은 이를 수학적으로 증명하려고 했으나 실패했다. 그는 이 유명한 난제의 해결에 실패한 수많은 수학자들 중 최초의 수학자였다. 그의 뒤를 이은 수학자들이 백년이 넘도록 다양한 방법으로 이 문제를 증명하려 했다. 그리고 수차례 증명된 것처럼 보였지만 모두 잘못된 것으로 밝혀졌다.

마침내 힘든 증명을 찾아낸 것은 컴퓨터였다. 컴퓨터의 도움을 받아 4색 정리를 증명하는 데 성공한 것이다. 증명에 성공한 주인공들은 바로 1976년 6월 21일 미국 일리노이 대학교의 교수였던 수학자 케네스 아펠$^{Kenneth\ Appel}$과 볼프강 하켄$^{Wolfgang\ Haken}$이다. 그들은 컴퓨터를 사용하여 판별 규칙을 통해 검사한 뒤 지도를 1936개의 경우로 분류하고, 이 각각의 경우가 4색으로 칠하여 구분할 수 있다는 것을 증명했다. 그들은 증명을 위해 1000시간 넘게 컴퓨터를 돌려 검사했다고 한다.

▼ 임의의 지도 상의 모든 지역을 구분하기 위해 인접하는 두 지역을 서로 다른 색으로 칠하려 할 때는 단지 네 가지 색만 있으면 된다.

δ (4.699⋯)

파이겐바움 상수

아마존 열대우림에 있는 나비 한 마리의 날갯짓이 도쿄에 비를 내리게 할 수 있다. '나비효과'로 알려진 이 유명한 생각은 수학을 바탕으로 하고 있다. 1960년대, 미국의 기상학자이자 수학자인 에드워드 로렌츠 Edward Lorenz는 기상 변화를 예측하는 컴퓨터 시뮬레이션을 하고 있었다. 1회 시뮬레이션에서는 변수의 초깃값으로 0.506127을 대입했다. 하지만 프로그램을 다시 돌리는 과정에서 빠른 결과를 얻기 위해 그는 초깃값으로 0.506을 입력했다. 그러자 놀랍게도 0.000127이라는 매우 근소한 입력치의 차이가 전혀 다른 기후 패턴 결과로 나타났다.

이런 사실에 놀라움을 금치 못했던 로렌츠는 갈매기의 날갯짓이 날씨에 영향을 미치는 것으로 비유하여 설명한 뒤 후에 더 극적으로 표현하기 위해 갈매기를 나비로 바꾸었다.

로렌츠는 초기조건의 미세한 변화에 매우 민감한 체계(계)들이 있다는 것을 보여주었다. 이와 관련된 연구를 '카오스이론'이라 하며, 그 유래는 1890년으로 거슬러 올라간다. 앙리 푸앵카레Henri Poincaré, 1854~1912는 어떤 계에서 이와 유사한 현상이 일어나는 것을 알게 되었다.

한 계가 혼돈 상태에 이르면, 그 계의 규칙 운동의 주기가 2배씩 증가하는 '주기 배증period doubling' 효과를 볼 수 있다. 결국 그 운동은 계가 혼돈 상태에 이르는 과정을 반복하는데 오랜 시간이 걸리게 된다. 이는 명백해 보이는 기본 질서가 없기 때문이다. 1978년, 미국의 수학자 미첼 파이겐바움Mitchell Feigenbaum은 이 주기 배증이 발생하는 점들이 나타내는 값들 사이의 비를 계산한 결과, 항상 같은 수 4.699⋯에 접근한다는 것을 발견했다.

▼ 나비효과는 아주 작은 변화 하나가 엄청난 결과를 가져온다는 뜻이다.

5

플라톤 다면체 수

정사면체

큐브

수학에서 큰 부분을 차지하는 도형은 서로 다른 모양에 따라 명칭도 정해져 있다. 예를 들어 삼각형, 사각형, 오각형 등의 평면도형은 '모서리가 많은many corners'이라는 뜻의 그리스어에서 유래한 다각형polygon이라고 한다. 마찬가지로 육면체 등의 3차원 입체도형은 '면이 많은many bases'이라는 뜻의 그리스어에서 유래한 다면체polyhedra라고 한다.

정팔면체

그릴 수 있는 다면체 중에서 모든 면이 정다각형으로 이루어진 것은 다섯 가지뿐이다. 네 개의 정삼각형으로 이루어진 정사면체, 여섯 개의 정사각형으로 이루어진 정육면체, 여덟 개의 정삼각형으로 이루어진 정팔면체, 열두 개의 정오각형으로 이루어진 정십이면체, 스무 개의 정삼각형으로 이루어진 정이십면체가 그것이다. 이들 입체도형은 그리스 철학자 플라톤의 이름을 붙여 플라톤 다면체라 하지만 피타고라스가 이것들을 발견했다고 주장하는 역사학자들도 있다.

정십이면체

플라톤 입체도형을 만들기 위해서는 한 꼭짓점에 세 개 이상의 다각형이 모여야 한다. 한 꼭짓점에 모인 다각형들의 내각 크기의 합이 360°보다 작아야 하고, 그렇지 않으면 평편해져 다면체를 만들 수 없게 된다. 이 다섯 개의 정다면체만 이와 같은 조건을 만족하는 것으로 알려져 있다. 한 내각의 크기가 60°인 정삼각형의 경우, 한 꼭짓점에 모인 정삼각형이 세 개 또는 네 개, 다섯 개일 때 360°를 넘지 않는다. 한 내각의 크기가 90°인 정사각형이나 한 내각의 크기가 108°인 정오각형도 각각 한 꼭짓점에 각 세 개씩 모일 때에만 360°를 넘지 않는다.

정이십면체

5

유클리드의 《기하학원론》의 공준

종이 등의 평면에 그리는 2차원 도형에 관한 성질은 유클리드 기하로 알려져 있다. 유클리드 기하는 그리스 수학자 유클리드의 이름을 딴 것으로, 유클리드는 《기하학원론》이라는 고대의 수학 교과서를 썼다.

《기하학원론》에는 연필과 자, 컴퍼스를 가지고 확인할 수 있는 다섯 개의 공준이 제시되어 있다.

1 두 점을 연결하여 항상 직선을 그릴 수 있다.

2 유한한 선분은 무한히 길게 늘일 수 있다.

3 임의의 한 점을 중심으로 하고, 임의의 길이를 반지름으로 하는 원을 그릴 수 있다.

4 직각은 모두 같다.

5 한 선분을 서로 다른 두 직선이 교차할 때 두 내각의 합이 180도 보다 작으면, 이 두 직선을 무한히 연장했을 때 두 내각의 합이 180도보다 작은 쪽에서 교차한다(이 공준을 평행선 공준이라 하며, 이것은 삼각형 내각의 크기의 합이 $180°$임을 말해준다).

▲ 고대 그리스 수학자 유클리드는 고대 수학에서 가장 영향력 있는 수학자라 할 수 있다. 그는 특히 기하학 연구로 유명하다.

평행선 공준을 만족하지 않는 기하를 비유클리드 기하학이라 한다. 예를 들어 지표면에 삼각형을 그려보자. 먼저 북극에서 출발하여 적도까지 선을 그린 다음, $90°$ 회전하여 얼마 동안 적도를 따라 이동해 간다. 그런 다음 다시 $90°$ 회전하여 북극으로 되돌아간다. 이때 두 각의 크기의 합이 $180°$이므로, 세 번째 각을 더하면 모두 $180°$보다 크게 된다.

6

가장 작은 완전수

수 중에는 특별한 성질을 가진 것들이 있는데, 종종 이런 이유로 관심을 받기도 한다. 완전수는 자기 자신을 제외한 약수들의 합이 자기 자신이 되는 수를 말한다. 가장 작은 완전수는 6이다. 6은 1, 2, 3으로 나누어떨어지고, $1+2+3=6$이다. 이 같은 성질을 가지고 있는 수들은 매우 드물다. 6 다음의 완전수는 28($1+2+4+7+14=28$)이고, 그다음 완전수는 496과 8128이다. 서기 100년, 피타고라스학파인 니코마쿠스Nikomachos는 8128이 완전수라는 걸 알고 있었던 것으로 여겨진다. 그러나 다섯 번째 완전수(33,550,336)는 16세기가 되어서야 확인되었다.

유클리드는 《기하학원론》에서 완전수와 메르센 소수(26쪽 참조)의 관계를 증명했다. 그는 한 메르센 소수에 1을 더한 다음, 다시 그 메르센 소수를 곱하고 2로 나누면, 짝수인 완전수를 얻는다는 것을 증명했다. 예를 들어 가장 작은 메르센 소수인 3에 대하여 $\dfrac{3(3+1)}{2}=6$이 되며, 이 값은 가장 작은 완전수다. 다음 메르센 소수 7에 대해서도 $\dfrac{7(7+1)}{2}=28$로 짝수인 완전수가 되고, 다음 메르센 소수 31도 $\dfrac{31(31+1)}{2}=496$이 되며 이 또한 짝수인 완전수다.

임의의 홀수인 완전수가 존재하는지 또는 완전수가 무수히 존재하는지에 대한 증명은 아직까지도 이루어지지 않고 있다.

▲ 고대 그리스의 수학자 니코마쿠스는 피타고라스학파로 완전수의 존재를 알았던 것으로 보인다.

6.284···(2π)

지구를 한 바퀴 두른 밧줄 퍼즐의 답

몬티 홀$^{Monty\ Hall}$ 문제와 마찬가지로, 지구를 한 바퀴 두른 밧줄 퍼즐은 상식이 잘못된 것일 수도 있다는 것을 알려주는 한 예다. 적도를 따라 밧줄이 지구를 한 바퀴 두르고 있으며 밧줄은 지표면에 붙어 있다고 상상해보자. 이때 밧줄이 지표면에서 1피트 떨어진 곳에 위치하도록 하면 밧줄의 길이는 얼마나 늘어날까?

처음 이 문제를 접할 때는 직감으로 밧줄이 떨어진 거리만큼 늘어날 것이라고 생각할 것이다. 어쨌든 지구가 큰 행성이지 않은가. 하지만 정답은 단지 6.284피트(2π피트)에 불과하다.

지구 또는 임의의 원의 둘레 길이는 $2 \times \pi \times$(반지름의 길이)로 계산한다. 따라서 처음에 지구를 한 바퀴 두른 밧줄의 길이는 $2\pi r_{(지구)}$이다. 그런데 밧줄을 지표면에서 1피트 떨어진 곳에 위치시키면, 반지름의 길이는 1피트가 늘어난다. 따라서 새로운 밧줄의 길이는 $2\pi(r_{(지구)}+1)$이 된다. 괄호를 풀어 이 식을 전개하면 $2\pi r_{(지구)}+2\pi$가 된다. 즉 새로운 밧줄의 2π 길이는 처음 밧줄의 길이에 2π피트만큼을 추가한 것이다. 처음 밧줄에 단지 6.284피트만큼 추가하면, 적도로부터 1피트 떨어진 공중에서 밧줄로 지구를 한 바퀴 두를 수 있다.

▼ 적도로부터 얼마큼 떨어진 공중에서 밧줄로 지구를 한 바퀴 두를 때, 밧줄의 길이를 얼마나 더 늘려야 하는지를 계산하기 위해서는, 2π에 적도로부터 떨어진 거리를 곱하면 된다.

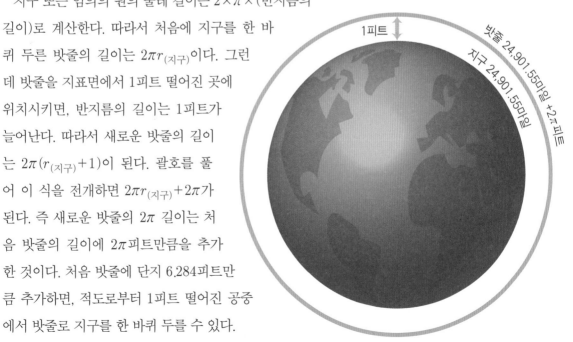

1피트

밧줄 24,901.55마일 +2π피트

지구 24,901.55마일

7

쾨니히스베르크 다리 문제

때때로 수학은 실생활과는 거리가 매우 먼 추상적인 것을 다루는 것처럼 보일 때가 있다. 그러나 실제로는 거의 모든 삶의 토대를 이루고 있다. 수학자들은 때때로 실생활 문제를 해결하려는 과정에서 수학의 발전을 이룩했다. 그런 크로스오버 예들 중 가장 유명한 하나가 18세기 프로이센의 쾨니히스베르크에 있는 프레겔 강의 일곱 개의 다리에 관한 것이다. 오늘날 러시아의 칼리닌그라드에 해당하는 이 도시의 중심에는 강이 흐르고 있으며, 강에는 두 개의 섬이 있다.

1700년대까지 그곳 사람들은 다리를 건너 산책을 즐겼다. 산책하던 사람들은 다음과 같은 생각을 하게 되었다. '각각의 다리를 정확히 한 번씩만 지나 모든 다리를 건너가며 산책할 수 있을까?' 간단해 보이는 이 문제는 어느 누구도 풀지 못했다. 실제로 이것은 해결할 수 없는 문제다.

새로운 분야가 탄생하다

그 문제를 해결할 수 없다는 사실은 1736년 예카테리나 여제(23쪽 참조) 치하에서 연구를 하던 스위스 수학자 레온하르트 오일러가 증명했

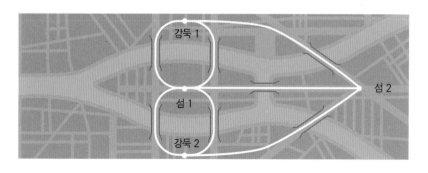

◀ 프로이센의 쾨니히스베르크에 있는 일곱 개의 다리를 보여주는 지도. 각 다리를 정확히 한 번씩만 지나면서 모든 다리를 건너갈 수는 없다.

다. 오일러는 증명 과정에서 위상수학이라는 새로운 수학 분야와 네트워크라는 새로운 유형의 그림을 만들어냈다. 네트워크는 일련의 대상들이 어떻게 연결되어 있는지를 보여준다. 이 대상들은 노드(또는 꼭짓점)라는 점들을 사용하여 표현한다. 이들 네트워크 그림을 그래프라 부르고, 이에 관한 연구를 그래프이론이라 한다. 여기서 그래프를 x축과 y축이 있는 매우 친숙한 유형의 함수의 그래프와 혼동해서는 안 된다.

오일러의 네트워크에서는 강에 의해 나누어진 네 곳의 땅을 노드로 나타내고, 일곱 개의 다리는 선으로 연결했다. 네트워크의 한 특정 노드에서 출발하여 연필을 떼지 않고 각 선을 한 번씩만 지나갈 수 있을 때 한붓그리기를 할 수 있다고 한다. 네트워크에서 한 노드가 다른 노드들과 짝수 개의 선으로 연결되어 있을 때 이 노드를 짝수 점, 홀수 개의 선으로 연결되어 있으면 홀수 점이라고 한다. 이들 네트워크를 연구한 결과, 오일러는 다음 두 조건 중 한 가지를 만족할 때 한붓그리기를 할 수 있음을 증명했다.

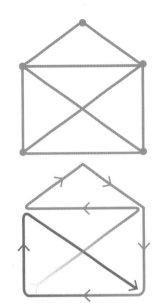

▲ 편지 봉투 모양의 네트워크는 홀수 점이 두 개뿐이므로 한붓그리기가 가능하다.

1 모든 노드가 짝수 점일 때
2 두 개의 노드만이 홀수 점일 때

쾨니히스베르크 네트워크에서는 네 개의 노드가 홀수 점이다. 따라서 다리 네트워크는 한붓그리기를 할 수 없다.

학창 시절, 학생들이 서로 주고받던 퍼즐 중 하나는 종이에서 연필을 떼지 않고 편지 봉투 모양의 그림을 그리는 것이었다. 이것은 한붓그리기를 할 수 있다. 여섯 개의 노드 중 두 개의 노드가 홀수 점이기 때문이다. 그러나 한붓그리기를 하기 위해서는 두 가지 방법으로만 가능하다. 두 개의 홀수 점 중 한 홀수 점에서 출발해야 하며, 그 경우 항상 또 다른 홀수 점에서 끝나는 것을 알 수 있다.

오늘날 유전체학과 전기공학, 항공기 및 배송 기사의 일정에 이르는 광범위한 분야에서 이용되고 있는 그래프이론은 쾨니히스베르크에서 시작되었다.

7

원반이 세 개인 하노이 탑 퍼즐에서 최소의 이동 수

2011년 개봉한 영화 〈혹성 탈출: 진화의 시작〉에서는 특정 규칙에 따라 조각을 이동시키는 피라미드 게임을 이용하여 동물들의 지능을 테스트하는 것을 보여주었다. 그것은 하노이의 탑이라는 유명한 퍼즐의 한 버전이다. 이 퍼즐의 발명가인 에두아르 뤼카$^{Edouard Lucas}$의 이름을 따서 뤼카의 탑이라고도 한다(91쪽 참조).

이 퍼즐의 가장 간단한 형식은 세 개의 기둥과 크기가 서로 다른 세 개의 원판으로 구성한 것이다. 먼저 세 개의 원판이 크기 순으로 첫 번째 기둥에 끼워져 있다. 이 게임의 최종 목적은 세 번째 기둥에 세 개의 원판을 그대로 이동시키는 것이다. 한 번에 한 개씩만 옮길 수 있으며 작은 원판 위에 큰 원판을 놓아서는 안 된다.

베트남의 하노이 외곽에 있는 한 사원에 64개의 순금 원판을 가지고 게임을 할 수 있는 대형 기둥이 있었다는 전설에 따라 이 퍼즐을 하노이 탑이라고 했다. 고대로부터 내려온 예언에 따르면, 승려들이 규칙에 따라 원판을 옮기기 시작하여 마지막 조각까지 옮기면 세상의 종말이 온다고 한다. 역사학자들 중에는 뤼카가 자신의 죽음을 위하여 그 전설을 만들었다고 믿는 이도 있다. 어느 쪽이든, 64개의 원판 퍼즐을 완성하는 것은 엄청나게 오랜 시간이 걸린다.

수학자들은 원판이 n개인 퍼즐을 완성하는 데 필요한 최소 이동 수가 $2^n - 1$임을 증명했다. 원판이 세 개인 경우, 필요한 최소 이동 수는 단지 일곱 번이면 된다. 참고로 64개의 원판을 옮기는 데는 18,446,744,073,709,551,615번을 움직여야 한다.

한 번 이동

두 번 이동

세 번 이동

네 번 이동

다섯 번 이동

여섯 번 이동

일곱 번 이동

▲ 원판이 세 개인 퍼즐을 완성하기 위한 이동 방법. 원판이 n개인 경우, 필요한 최소 이동 수는 $2^n - 1$이다.

10

우리가 사용하는 기수법

누군가가 39세 또는 41세의 생일을 맞이했을 때보다 40세의 생일을 맞이했을 때 더 축하하는 이유에 대해 궁금해해본 적이 있는가? 그것은 우리가 열 개의 손가락을 가지고 있기 때문이다. 또 이들 손가락을 digits(손가락 또는 아라비아숫자)라고 하는 것도 우연의 일치가 아니다.

오늘날 우리는 0에서 9까지 열 개의 숫자들만 사용하여 세는 10진법을 사용하고 있다. 9보다 큰 수를 표현하려면 다시 0으로 되돌아간 다음 그 앞에 1을 붙이면 된다. 우리 나이의 맨 앞에 있는 수는 매 10년마다 바뀌며, 그때마다 파티를 열거나 스스로를 위로하기도 한다. 한 손의 손가락이 지금보다 하나 더 적게 진화되었다면 어땠을까? 아마도 8진법에 따라 셈을 하고 지금보다 더 자주 '의미 있는' 생일을 축하하게 되었을 것이다.

인류가 항상 10진법만 사용한 것은 아니다. 바빌로니아인들은 60진법을 사용했다. 1분을 60초로, 1시간을 60분으로 사용하는 것은 이 60진법의 잔재다(63쪽 참조). 그런가 하면 마야인들은 20진법을 사용했다. 컴퓨터는 두 개의 숫자 0과 1만을 사용하는 이진법을 사용한다.

10진법 vs 2진법 vs 8진법

10진법으로 나타낸 수를 2진법과 8진법으로 나타내면 다음과 같다.

10진법	2진법	8진법
1	1	01
2	10	02
3	11	03
4	100	04
5	101	05
6	110	06
7	111	07
8	1000	010
9	1001	011
10	1010	012

12.7

영어에서 e가 나타나는 빈도(%)

암호화하고 암호화된 메시지를 해독하는 암호 기법은 고대의 기법이다. 수천 년 동안 연인들부터 일반인에 이르는 많은 사람들이 자신들의 비밀을 그들끼리만 공유하고 싶어 했다.

암호화에서 원래의 메시지를 '평문plaintext', 암호화된 메시지를 '암호문ciphertext'이라고 한다. 평문과 암호문을 서로 변환시키기 위해서는 발송자와 수신자 모두 암호를 만드는 방식에 대해 알고 있어야 한다. 암호를 만드는 가장 간단한 방법 중 하나는 로마 황제 율리우스 카이사르의 이름을 붙인 '시저 암호'다. 이 암호 방식에 따라 메시지를 암호문으로 만들기 위해서는 평문의 각 문자를 알파벳 순서로 몇 칸 뒤 또는 앞의 다른 문자로 대체해야 한다. 예를 들어 모든 문자를 알파벳 순서로 두 칸 뒤의 문자로 대체하면 문장 "fear the Ides of March"은 "hgct vjg Kfgu qh Octej"가 된다. 상대방이 이 방식을 알고 있으면, 암호문을 원래의 메시지로 되돌려 확인할 수 있다.

해독이 쉬운 대체 암호

물론 이 시저 암호는 비교적 해독이 쉬운 암호 체계다. 메시지를 중간에 가로챈 누군가가 작성된 암호문을 해독하는 데는 그다지 오랜 시간이 걸리지 않는다. 좀 더 복잡하게 암호문을 작성하는 방법은 무작위로 문자들을 대체하는 것이다. 예를 들어 다음과 같이 문자를 대체하여 암호문을 작성하는 것이다.

발송자와 수신자가 서로 약속된 문자 대체법을 공유하기만 하면, 그

A	B	C	D	E	F	G	H	I	J	K	L	M
J	Q	D	V	G	R	A	O	L	C	Z	H	S

N	O	P	Q	R	S	T	U	V	W	X	Y	Z
M	K	U	T	B	P	F	W	E	Y	N	I	X

■ 평문
■ 암호문

▲ 암호문을 작성하는 방법 중에는 한 문자를 다른 문자로 대체하는 방법이 있다. 무작위로 대체 문자를 설정하는 방식은 시저 암호보다 해독이 어렵다.

들은 메시지를 변환시켜 학인할 수 있다. 예를 들어 위와 같이 문자를 대체하면 "fear the Ides of March"는 "rgjb fog Ivgp kr Sjbdo"가 된다. 제3자가 해독하기에는 시저 암호로 작성된 암호문보다 더 어렵지만 이 대체 암호 방식도 안전하지 않다. 이것은 빈도 분석이라는 수학적 규칙을 사용하여 쉽게 해결될 수 있기 때문이다.

빈도 분석법은 암호문을 작성할 때 사용한 언어에서 어떤 문자들이 나타나는 빈도를 분석하여 암호문을 해독한다. 예를 들어 많은 유럽인들이 사용하는 언어에서, 공통으로 가장 많이 나타나는 문자는 e다. 영어 문장에서 e가 나타나는 평균 빈도는 12.7%이고, 프랑스어 문장에서는 14.7%, 스페인어 문장에서는 12.2%, 독일어 문장에서는 16.4%, 이탈리아어 문장에서는 11.8%다. 이것을 알고 있으면 암호를 해독하는 데 유용하다. 암호문을 작성할 때 e를 어떤 문자로 대체하든, 같은 빈도로 나타날 것이기 때문이다. 그때 12.7%에 가깝게 나타나는 문자를 찾으면 아마도 e일 것이다. 문장이 길면 길수록 e를 찾는 것은 더 쉬워진다. 어떤 언어이든 모든 문자들이 나타나는 빈도가 잘 정리되어 있어 컴퓨터를 이용하면 비교적 간단하게 암호문을 해독할 수 있다.

이런 이유로, 어느 누구도 중요한 암호문을 작성할 때 더 이상 대체 암호를 사용하지 않는다. 신용카드 정보를 온라인으로 전송하는 것과 같은 정보 보안이 꼭 필요한 상황에서는 소수를 사용하여 암호화하는 방식이 이용되고 있다(77쪽 참조).

13

아르키메데스 다면체의 수

플라톤 다면체는 각 면이 합동인 다각형으로 이루어진 입체도형이다. 그에 반해 아르키메데스 다면체는 두 종류 이상의 정다각형으로 이루어져 있으며, 각 꼭짓점에 모이는 면의 배열된 형태가 모두 같은 입체도형이다. 모두 열세 가지가 있으며 여덟 개의 정삼각형과 열여덟 개의 정사각형으로 이루어진 '부풀린 육팔면체'와 같은 기이한 이름을 가지고 있다.

이 다면체는 고대 그리스 수학자 아르키메데스$^{Archimedes, BC\ 287\sim212년경}$가 발견한 것으로 여겨지고 있다. 하지만 오랜 세월이 경과하면서 아르키메데스의 연구 결과에 대한 기록은 남아 있지 않다. 대신 4세기 그리스 수학자 알렉산드리아의 파푸스에 따르면, 아르키메데스가 최초로 이 다면체의 종류를 제시했다고 한다.

아르키메데스 다면체는 정다면체의 모든 꼭짓점을 같은 종류의 다각형으로 잘라내는 방법 등으로 플라톤 다면체를 변형하여 만든다. 예를 들어 육면체의 각 꼭짓점 부분을 정삼각형이 되도록 잘라내면, 여덟 개의 삼각형과 여섯 개의 팔각형으로 이루어진 깎은 정육면체가 만들어진다.

아르키메데스

목욕탕에 들어갔다가 부력의 원리를 발견한 후 발가벗은 몸으로 "유레카!"라고 외치며 거리를 뛰어갔던 이야기가 가장 유명하지만, 아르키메데스는 진정한 박식가였다. 수학자이자 물리학자, 공학자, 천문학자였던 그가 수학에서 연구한 것 중 많이 알려진 또 다른 것으로는 '원을 측정한 것'이다. 원주율 π의 근삿값을 계산했으며, 원의 넓이가 원의 반지름을 제곱한 것과 원주율을 곱한 것과 같다는 기록을 남기기도 했다.

아르키메데스 다면체

열세 개의 아르키메데스 다면체는 다섯 개의 플라톤 다면체를 대칭을 이루는 구조로 변형하여 만든다.

육팔면체

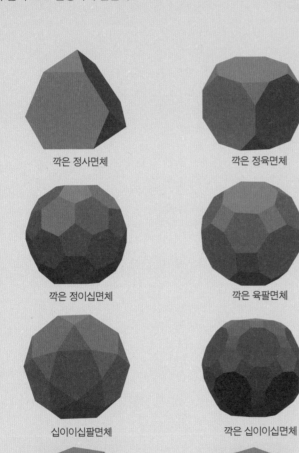

깍은 정사면체

깍은 정육면체

깍은 정팔면체

깍은 정이십면체

깍은 육팔면체

깎은 정십이면체

십이이십팔면체

깍은 십이이십면체

다듬은 육팔면체

부풀린 육팔면체

부풀린 십이이십면체

다듬은 십이이십면체

15

포켓볼의 8볼 게임 시작 때
삼각형으로 배열하는 공의 수

8볼 게임을 시작할 때 랙 안에 열다섯 개의 공이 삼각형 모양으로 배열되어 있다. 그러나 열한 개의 공이나 열두 개의 공으로 시작하면 공을 삼각형 모양으로 배열할 수 없다. 삼각형 모양을 만들기 위해서는 마지막 다섯 번째 가로줄 다섯 개의 공을 제거한 열 개의 공이 있거나 여섯 번째 가로줄에 여섯 개의 공을 추가한 스물한 개의 공이 있어야 한다. 이런 이유로 9볼 게임에서는 공을 다이아몬드 모양으로 배치한다.

삼각형 랙 안에 넣을 수 있는 공의 개수를 나열해보면, 수학자들이 삼각수로 나타내는 수들을 알 수 있다. 처음 몇 개의 삼각수를 나열하면 다음과 같다.

$$1, 3, 6, 10, 15, 21, 28, \cdots$$

이 수열에서 각 수들 사이의 간격이 매번 1씩 커짐을 알 수 있다. 공들이 오른쪽 그림과 같이 배치된 랙을 살펴보자. 첫 번째 가로줄에 한 개의 공이 있고, 두 번째 가로줄에는 두 개, 세 번째 가로줄에는 세 개, 네 번째 가로줄에 네 개, 다섯 번째 가로줄에 다섯 개의 공이 있다. 삼각형 모양을 계속 유지하기 위해서는, 여섯 번째 가로줄에는 여섯 개의 공이 있어야 한다.

삼각수로 이루어진 이 수열에서 n번째 가로줄의 수를 계산하려면 식 $\frac{n(n+1)}{2}$ 을 이용하면 된다. 예를 들어 열 번째 가로줄의 수는 n에 10을 대입하여 계산하면 $\frac{10(10+1)}{2}=55$가 된다. 이 식은 메르센 소수(38쪽 참조)로 완전수를 계산하기 위한 식과 같은 것임을 알 수 있다. 이는 모든 완전수가 삼각수이기도 하다는 것을 의미한다.

▼ 포켓볼에서, 삼각형 랙 안에 삼각 모양으로 배치하는 공의 개수는 삼각수 중 한 수와 같아야 한다.

16

1파운드에 해당하는 온스 수

에바리스트 갈루아(52쪽 참조)를 포함하여 역사상 많은 위대한 수학자들이 혁명 중이던 프랑스의 정치적 혼란 속에 끼어들었다. 1792년, 프랑스 왕정이 몰락하고 프랑스 공화국이 설립된 뒤 새로운 정치체제와 더불어 미터법이라는 새로운 측정법이 도입되었다. 10의 거듭제곱으로 표현되는 미터법에서는 각종 치수를 미터(100cm)와 킬로그램(1000g)으로 나타낸다. 오늘날 전 세계 대부분의 국가가 미터법을 공식적으로 사용하고 있다. 미터법을 사용하지 않는 유일한 나라는 미국과 라이베리아, 미얀마 3개국이다. 하지만 다른 나라, 특히 영국에서는 여전히 제국주의 시절의 도량형 체계인 영국법정표준법이 널리 사용되고 있다. 자동차의 제한속도는 단위시간당 마일로 나타내고, 맥주는 파인트 단위로 판매하며, 대부분의 영국인들은 자신들의 키를 피트와 인치 단위로 나타낸다.

영국법정표준법은 거의 인체나 일상용품을 토대로 만들어진 고대 도량형 체계이다. '풋foot'과 '스톤stone'의 경우 그 기원에 대해서는 굳이 설명할 필요가 없는 것들이다. 영국법정표준법의 단위는 종종 1피트가 12인치이거나 1파운드가 16온스인 것처럼 12나 16의 부분으로 분할되는 것들이다. 아마도 12나 16이 10등분, 5등분, 2등분만 할 수 있는 10보다 더 실용적이라 여겨졌기 때문일 것이다. 16은 16등분, 8등분, 4등분, 2등분할 수 있으며, 이는 모두 직전에 분할한 크기의 2배에 해당한다. 그러나 오늘날 미터법을 사용하는 것이 더 실용적이라는 데에는 논란의 여지가 거의 없다. 그것은 미터법이 모든 이들을 위한 표준 체계이기 때문이다.

▼ 파운드는 유용한 측량단위다. 1파운드가 16온스로 이루어져 있어 10보다 좀 더 용이하게 세분할 수 있기 때문이다.

17

가장 작은 레이런드 소수

영국의 소프트웨어 개발가 폴 레이런드$^{Paul\ Leyland}$의 이름을 붙인 레이런드 수는 $x^y + y^x$의 꼴로 나타낼 수 있는 수를 말한다. 이때 두 수 x와 y는 1보다 큰 수여야 한다. 첫 번째 레이런드 수는 $8(=2^2+2^2)$이다. $x=3$, $y=3$일 때 레이런드 수는 $54(=3^3+3^3)$다. 54는 다음과 같이 3개의 제곱수의 합으로 나타낼 수 있는 가장 작은 수이기도 하다.

$$54 = 7^2 + 2^2 + 1^2 = 6^2 + 3^2 + 3^2 = 5^2 + 5^2 + 2^2$$

특히 관심이 가는 수는 소수인 레이런드 수다. 레이런드 수 중 가장 작은 소수는 $17(=2^3+3^2)$이다.

레이런드 수는 많지만, 레이런드 소수는 매우 드물다. 17 다음 레이런드 소수는 593이고 그다음 수는 32993이다. 지금도 보다 큰 레이런드 소수를 찾는 일이 계속되고 있으며 2012년 12월, $3110^{63} + 63^{3110}$이 현재까지 판별된 레이런드 소수 중 가장 큰 것으로 밝혀졌다. $314738^9 + 9^{314738}$이 소수일 수도 있지만, 300,000 자리 이상이 되는 이 수가 1과 자신 이외의 수로 나누어떨어지는지를 증명하는 것은 정말 어려운 일이다.

폴 레이런드는 이들 거대 레이런드 수의 검사는 소수를 판별할 수 있는 컴퓨터 프로그램들을 이용하는 것이 도움이 된다고 말하기도 했다. 거대 소수의 인수분해와 관련이 있는 인터넷 보안 등의 분야에서는 이것이 매우 중요하다(77쪽 참조).

▼ 레이런드 수를 구할 수 있는 가장 좋은 방법은 컴퓨터 프로그램을 이용하는 것이다.

18

통계학 분야에 대혁신을 일으킨
칼 피어슨의 논문 수

정치적 여론조사나 좋아하는 스포츠 팀의 기록 등 오늘날의 세상은 통계로 가득 차 있다. 통계를 엄밀히 다루게 된 것은 다른 수학 분야와 비교할 때 그리 오래된 것은 아니다. 흔히 칼 피어슨$^{Karl Pearson, 1857\sim1936}$을 현대 통계학의 창시자로 일컫는다. 1857년 런던에서 태어난 피어슨은 1880년대 초기 통계학의 대변혁을 시작했다.

1893년 피어슨은 '진화론에 대한 수학적 기여^{Mathematical} $^{Contributions\ to\ the\ Theory\ of\ Evolution}$'라는 주제로 쓴 18편의 논문 중 첫 번째 논문을 출판했다. 이 논문은 다른 과학 분야에 수학이 어떻게 적용될 수 있는지를 보여준 것이다.

▲ 많은 사람들이 칼 피어슨을 현대 통계학의 창시자로 여기고 있다. 통계에 대한 18편의 논문은 대혁신을 일으켰다.

피어슨은 통계학 분야에서 많은 업적을 남겼는데, 가장 유명한 것으로는 통계 결과의 유의미성을 결정하는 방법인 p값 검정을 들 수 있다.

한 변인이 다른 변인의 값을 변화시킨다고 추측해보자. 예를 들어 대학 교육이 평균 월급을 올릴 수도 있다고 하자. 하지만 실제로 이것이 참인지는 증명할 수 없다. 대신 검정을 통해 이 추측의 부정명제(영가설이라 함)가 거짓임을 보일 수 있는지를 알아본다. 이때 일련의 데이터에 대하여 피어슨의 p값 검정을 시행하면 0과 1 사이의 값을 얻게 된다. 그 값이 작으면 작을수록, 영가설이 기각될 가능성이 커지며 다소 확실치 않았던 추측이 우연에 의한 것만이 아님을 확신할 수 있다.

20

에바리스트 갈루아가 사망한 나이

1811년 프랑스에서 태어난 에바리스트 갈루아^{Évariste Galois, 1811~1832}는 3세기 넘게 해결되지 못하고 있던 문제를 해결하는 등 수학에서 중요한 진전을 이루었다. 더 놀라운 것은 10대에 그런 업적을 남겼다는 것이다.

▲ 에바리스트 갈루아의 다항 방정식의 차수에 관한 연구는 오늘날 갈루아 이론의 토대가 되었다.

그의 대부분의 연구는 다항 방정식으로 알려진 대수방정식을 중심으로 이루어졌다. 다항 방정식은 항들끼리 더하거나 빼서 만든 방정식이다. 각 항에는 제곱, 세제곱과 같은 거듭제곱이 포함되며, 이때 차수는 양수여야 한다. 즉 x^2은 항에 포함될 수 있지만, $x-2$는 포함될 수 없다.

간단한 다항 방정식의 예로 $f(x)=x^2+x-2=0$을 들 수 있다. 이 방정식을 해결하기 위해서는 $f(x)$가 0과 같게 되는 x의 값을 구하면 된다. 이 경우 -2나 1이 x의 값이다. 이들 다항 방정식을 풀기 위한 방법 중 하나는 거듭제곱근(제곱근, 세제곱근 등)의 공식을 이용하는 것이다. 오늘날 갈루아의 이론으로 알려진 갈루아의 연구에 의하면, 5차 이상의 다항 방정식에서는 근의 공식이 없다.

3차방정식과 4차방정식의 근의 공식은 16세기 이탈리아 수학자 지롤라모 카르다노^{Girolamo Cardano}와 루도비코 페라리^{Ludovico Ferrari}가 발견했다.

수학의 천재였을 뿐만 아니라, 프랑스의 격동기에 정치적 선동가이기도 했던 갈루아는 1830년 7월 혁명기 때, 혁명 가담자로 체포되어 수감되었다. 그리고 그로부터 2년도 안 된 어느 날 결투 중 복부에 총상을 입고 비운의 짧은 생을 마감했다.

20
루빅스 큐브를 해결하는 데 필요한 최대 회전 수

    1974년, 헝가리의 건축학과 교수 에르노 루빅^{Ernő Rubik}은 역사상 가장 성공적인 장난감 루빅큐브를 발명했다. 그의 이름을 붙인 이 큐브는 전 세계인의 마음을 사로잡으며 3억 5000만 개 이상이 판매되었다. 큐브와 관련된 까다로운 문제도 제안되었다. 그것은 무작위로 섞어놓은 큐브를 맞추기 시작하여 완전히 맞추는 데 필요한 최대 회전수를 묻는 문제다. 풀리지 않던 이 문제는 '신의 수'로 알려져왔다. 이 문제가 그처럼 까다로웠던 이유는 게임을 시작하여 큐브를 배열하기까지의 서로 다른 방법의 수에 있다. 루빅큐브가 돌면서 생기는 배열의 수는 4300경(정확하게는 43,252,003,274,489,856,000) 가지나 되기 때문이다. 이 때문에 그것들 각각을 조사하는 것은 불가능하다.

    그러나 2010년, 한 수학자 팀이 그 문제를 해결했다. 그들은 군론이라는 수학 분야를 이용하여 22억 개의 서로 다른 군으로 배열들을 나누고, 각 군에는 195억 가지의 배열이 포함되도록 했다. 그런 다음 큐브의 대칭적 성질들을 탐구하여 군의 수를 5600만 개로 축소시켰으며, 각 군에는 다시 195억 가지의 배열이 포함되도록 했다. 수학자 팀은 컴퓨터 프로그램을 사용하여 초당 10억의 속도로 그 배열들을 정밀하게 조사했다. 그 결과 모든 배열이 20번 이내에 각 면의 색을 모두 맞출 수 있다는 것을 확인했다. 이것은 2007년 큐브를 어떻게 섞든 26회전 이내에 맞출 수 있다고 한 이전 결과를 개선시킨 것이다.

▼ 루빅큐브가 돌면서 생기는 배열의 수가 4300경보다 많음에도 불구하고, 수학자들은 큐브가 매번 20회전 이내에 각 면의 색을 모두 맞출 수 있다는 것을 증명했다.

23

힐베르트 문제의 수

1900년 8월, 독일의 수학자 다비드 힐베르트 $^{David\ Hilbert,\ 1862\sim1943}$는 파리에서 동료 수학자들 앞에 서 있었다. 세계수학자대회에 참석한 그는 당시의 수학계에서 해결해야 할 중요한 열 개의 문제를 제시했다. 그리고 힐베르트의 문제로 알려진 23개의 문제가 들어 있는 보다 완성된 목록을 공식적으로 발표했다. 이 문제들은 100년이 지난 지금까지도 수학계에 큰 영향을 미치고 있다.

다음은 23개의 문제 중 몇 가지만 정리한 것이다.

문제 3

부피가 같은 두 다면체에 대하여, 하나를 유한 개의 조각으로 잘라낸 뒤 붙여서 다른 하나를 항상 만들 수 있는가?

다면체는 다각형으로 이루어진 3차원 입체 도형이다(36쪽 참조). 대표적인 것으로 정육면체와 사면체를 들 수 있다. 한 개의 다면체를 보다 작은 다면체로 잘라낸 다음 그 조각들을 재조합하여 처음의 다면체와 부피가 같은 또 다른 다면체를 구성할 수 있을 때, 수학자들은 두 개의 큰 다면체를 '가위 합동$^{scissors-congruent}$'이라 한다. 이 문제는 최초로 해결된 힐베르트의 문제였다. 힐베르트 문제가 발표된 그해에 힐베르트의 제자인 막스 덴$^{Max\ Dehn}$이 가위 합동이 아니지만 부피가 같은 두 개의 다면체의 예에 대하여 증명했다. 즉 이 명제는 거짓으로 증명된 셈이다.

문제 7

a가 0, 1이 아닌 대수적 수이고 b가 무리수일 때, a^b은 항상 초월수인가?

초월수는 대수적 수가 아닌 수를 말하며, 대수적 수는 다항 방정식의 해가 되는 수를 말한다. 다항 방정식 $x^2 + 2x + 1 = 0$에 대하여, 이 방정식을 만족하는 x의 값은 $x = -1$이다. 따라서 -1은 대수적 수이며 초월수가 아니다. 잘 알려진 초월수로는 π(30쪽 참조)와 e(22쪽 참조)를 들 수 있다.

분수로 나타낼 수 없는 수를 무리수라고 한다. 대표적인 무리수로는 π와 e, Φ(18쪽 참조), $\sqrt{2}$(15쪽 참조)가 있다.

이 문제는 1934년 러시아 수학자 알렉산드르 겔폰트$^{\text{Alexander Gelfond}}$가 해결했으며, 이후 독일의 수학자 테오도어 슈나이더$^{\text{Theodor Schneider}}$가 보다 상세히 정리했다. 그런 까닭에 이 문제를 겔폰트-슈나이더 정리라 하며, a가 0, 1이 아닌 대수적 수이고, b가 무리수일 때 a^b이 항상 초월수임이 증명되었다.

문제 8

리만 가설

리만 가설은 소수가 어떻게 분포되어 있는지를 추측하는 것과 관련 있다. 이것은 오늘날까지도 미해결 상태로 남아 있으며, 아마도 수학의 최고 난제로 꼽히는 것 중 하나일 것이다. 2000년 클레이 수학연구소는 리만 가설 해결을 100만 달러씩의 상금을 건 밀레니엄 문제(7대 수학 난제) 중 하나로 제시했다. 이것은 1900년 힐베르트가 제시한 것과 유사한 상황이다(153쪽 참조).

문제 18

타일링과 구^{sphere} 쌓기에 대한 세 개의 서로 다른 문제에 관한 것이다.

① 공간군의 수는 유한한가?

공간군은 어떤 패턴의 3차원 도형의 대칭을 나타낸다. 공간군은 그 패턴의 모습을 바꾸지 않고 만들 수 있는 서로 다른 변환의 수(32쪽 참조)를 말한다. 후에 230개의 그런 군들(87쪽 참조)이 있다는 것이 밝혀졌다. 이에 따라 이 질문에 대한 답은 예스다.

② 3차원에서 정다면체가 아니면서 쪽매 맞춤을 할 수 있는 다면체가 존재하는가?

도형으로 공간을 빈틈없이 채우는 것을 타일링이라고 한다. 전체 패턴을 바꾸지 않고 임의의 타일을 바꿀 수 있는 타일링을 '이소헤드랄^{isohedral}' 타일링, 그렇지 않은 타일링을 '쪽매 맞춤^{anisohedral tiling}'이라고 한다. 1928년 독일의 수학자 카를 라인하르트^{Karl Reinhardt}가 한 개의 쪽매 맞춤을 발견함으로써 이 문제는 해결되었다.

③ 빈 공간에 공을 최대한 쌓을 수 있는 양은 얼마인가?

1600대 초, 독일의 천문학자 요하네스 케플러는 상자에 공을 쌓으려 할 때 상자 안에 공을 채울 수 있는 최대 양은 74%라는 것을 실험적으로 알아냈다. 케플러의 추측은 최근까지도 수학적으로 입증하지 못한 문제로 남아 있다가 1998년 미국의 수학자 토머스 헤일스^{Thomas Hales}가 증명했다(74쪽 참조).

다비드 힐베르트

힐베르트는 쾨니히스베르크에서 태어나 수학을 공부한 뒤 1895년까지 머물렀던 쾨니히스베르크 대학에서 조교수로 학생들을 가르쳤다. 펠릭스 클라인^{Felix Klein}의 권유(134쪽 참조)에 따라 괴팅겐 대학으로 자리를 옮긴 그는 죽을 때까지 그곳에 머물렀다.

그때 나치가 정권을 잡고 유대인의 탄압이 이루어지면서 그가 머물던 수학과에서는 많은 학자들과 학생들이 떠나갔다. 당시 나치 관료가 연회석에서 힐베르트에게 "이제 유대인의 영향에서 벗어났으니 괴팅겐의 수학계는 어떻게 되어가고 있습니까?"라고 질문하자 그는 "괴팅겐의 수학이라고요? 이제 아무것도 남은 것이 없소이다"라고 답했다고 한다.

30

맥마흔 입방체의 수

1854년 몰타에서 태어난 퍼시 알렉산더 맥마흔^{Percy Alexander} MacMahon, 1854~1929은 군 복무 중 '조합론'을 전공하여 수학도 함께 연구했다. 조합론은 어떤 조건에 따라 대상들을 결합하는 방법을 다루는 분야다. 이 분야에서 그는 일련의 특별한 입방체를 생각해냈다.

여섯 개의 면이 있는 평범한 입방체에 대하여, 각 면을 서로 다른 색으로 색칠하는 방법의 수는 몇 가지일까? 정답은 30가지다.

빨간색, 노란색, 초록색, 파란색, 검은색, 흰색을 사용하고, 각 면에 1에서 6까지의 번호를 붙여보자. 1면을 항상 빨간색으로 칠할 수 있는 방법은 모두 몇 가지일까? 다음 표는 각 면에 색을 칠할 수 있는 가능한 조합을 정리한 것이다.

▲ 퍼시 알렉산더 맥마흔은 조합론이라는 수학 분야를 연구하고 맥메이헌 입방체를 생각하며 많은 시간을 보냈다.

어떤 색깔도 두 개의 면에 색칠할 수 없으므로, 오른쪽 표에서는 같은 가로줄과 세로줄에 나타날 수 없다. 따라서 첫 번째 가로줄과 첫 번째 세로줄에 서로 다른 색을 차례대로 채운 다음 시작한다. 표의 나머지 부분은 스도쿠 퍼즐을 완성하는 것처럼 채워가며 완성하면 된다.

면					
1	빨간색	빨간색	빨간색	빨간색	빨간색
2	파란색	초록색	노란색	검은색	흰색
3	초록색	파란색	흰색	노란색	검은색
4	노란색	검은색	파란색	흰색	초록색
5	검은색	흰색	초록색	파란색	노란색
6	흰색	노란색	검은색	초록색	파란색

따라서 1면을 항상 빨간색으로 칠하는 방법은 다섯 가지가 있다. 1면을 항상 파란색으로 칠할 수 있도록 표를 다시 그리면 또 다른 다섯 가지의 조합을 생각할 수 있다. 그런데 1면에는 여섯 개의 서로 다른 색을 칠할 수 있으므로, 모두 6×5, 즉 30가지의 조합을 생각할 수 있다.

30.1

많은 수치 자료 중 1이 첫 번째 자리의 숫자로 나타나는 빈도(%)

여러분은 수치로 나타낸 많은 자료 중에서, 각 수의 첫 번째 자리 숫자가 무작위로 나타날 것이라고 생각할 것이다. 1에서 9까지의 아홉 개 숫자가 골고루, 즉 각 숫자가 한 수치 자료의 첫 번째 자리 숫자로 나타나는 빈도는 11.1%일 것이라는 생각은 얼핏 맞는 것처럼 보인다. 그러나 1938년, 미국의 물리학자 프랭크 벤포드$^{Frank\ Benford}$는 어떤 수치 자료에서 1이 각 수의 첫 번째 자리 숫자로 나타난 빈도가 30.1%라는 것을 발견했다. 1부터 시작하여 수가 커질수록 그 빈도는 감소하여 9가 첫 번째 자리에 나타나는 빈도는 4.6%에 불과했다.

이후 벤포드의 법칙으로 알려진 이 법칙은 캐나다 출신의 미국 천문학자 사이먼 뉴컴$^{Simon\ Newcomb}$이 1881년 로그표가 제시된 책(104쪽 참조)을 보던 중 첫 번째 자리가 1로 시작하는 페이지들이 다른 수들로 시작하는 페이지들보다 더 많이 닳아 있는 것을 발견하고 처음으로 언급했다.

그런데 몇 가지 주의해야 할 점이 있다. 벤포드의 법칙은 무작위의 수치 자료에 대해서는 성립하지 않는다. 그래서 1로 시작하는 추첨볼이나 복권이 자주 나오면, 수학자들은 바로 샅샅이 살펴보게 될 것이다. 또 너무 '제한된' 수치 자료에도 적용되지 않는다. 지구 상에 있는 모든 사람의 키를 미터로 나타내면, 거의 모든 수가 1로 시작할 것이다.

이는 벤포드의 법칙이 비무작위 수치 자료에서 불법적인 것을 찾는 데 사용될 수 있음을 의미한다. 예를 들어 여러 연구에 따르면 소득신고서의 수치들이 벤포드의 법칙을 따르고 있어 법률 전문 회계사들이 탈세를 찾는 데 이용할 수 있다. 2009년, 한 폴란드 수학자는 벤포드의 법칙을 사용하여 그해 이란의 선거 결과가 조작되었다고 말하기도 했다.

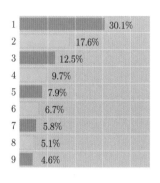

▲ 1에서 9까지의 수들이 어떤 수치 자료에서 첫 번째 숫자로 나타나는 빈도는 벤포드의 법칙을 따른다.

31

파스칼 삼각형의 1행에서 5행까지의 수의 합

수학에서 가장 유명한 도형 중 하나는 17세기 프랑스의 수학자 블레즈 파스칼^Blaise Pascal의 이름을 따서 붙인 파스칼 삼각형이다. 첫 번째 행에는 한 개의 수, 두 번째 행에는 두 개의 수, 세 번째 행에는 세 개의 수를 나열하는 방식으로 수들을 삼각형 모양으로 나열하여 나타낸 것이다. 보통 가장 꼭대기의 행을 '0행', 그다음 행을 '1행'이라 한다. 각 행의 맨 처음과 끝은 항상 1이고, 그 사이의 수들은 바로 위의 행의 왼쪽과 오른쪽에 있는 두 수의 합을 적어 만든다.

간단해 보이는 이 삼각형에는 많은 수학적 특성과 패턴, 성질들이 숨겨져 있다. 예를 들어 2행의 맨 처음 수에서 시작하여 대각선으로 놓인 수들 1, 3, 6, 10, 15, 21, …에 대하여 서로 이웃하는 임의의 두 수를 더하면 제곱수 1, 4, 9, 16, 25, …가 된다. 또 각 행에 있는 수들을 더하면 수열 1, 2, 4, 8, 16, 32, …가 된다. 이 수열은 바로 앞의 항의 값을 각각 2배씩 한 것이다(158쪽 참조).

▼ 파스칼 삼각형. 수학적으로 비교적 간단해 보이는 원리에 따라 구성한 것으로, 수학에서 가장 유명한 패턴들이 많이 숨겨져 있다.

파스칼과 확률

파스칼 삼각형은 확률에서도 매우 잘 활용되고 있다. 동전의 개수를 달리하여 던질 때 나타나는 결과를 살펴보면, 각 결과의 수가 반복됨을 알 수 있다.

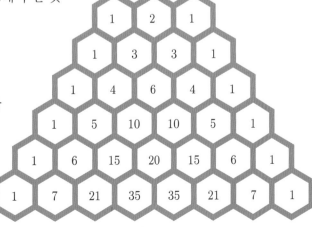

동전의 개수	동전을 던질 때 나타나는 결과	각 결과의 수
1	H T	1, 1
2	HH TH, HT TT	1, 2, 1
3	HHH HHT, HTH, THH TTH, THT, HTT TTT	1, 3, 3, 1
4	HHHH HHHT, HHTH, HTHH, THHH HHTT, TTHH, THTH, HTHT, HTTH, THHT TTTH, TTHT, THTT, HTTT TTTT	1, 4, 6, 4, 1

▲ 프랑스 수학자 블레즈 파스칼은 현대 확률 이론의 선구자다.

이와 같은 값은 이항식의 전개식에서도 나타난다. 서로 다른 y의 값에 대하여 이항식 $(x+1)^y$을 전개해보자.

y의 값	$(x+1)^y$의 전개식
2	$(x+1)^2 = 1x^2 + 2x + 1$
3	$(x+1)^3 = 1x^3 + 3x^2 + 3x + 1$
4	$(x+1)^4 = 1x^4 + 4x^3 + 6x^2 + 4x + 1$

각 이항식의 전개식에 대하여, 각 항에서 x의 지수는 이항식의 지수와 같은 것으로 시작하여 1씩 줄여가며 나타낸다. 파스칼 삼각형은 각 항의 계수와 관련이 있다.

파스칼 삼각형과 원

파스칼 삼각형은 원과도 관련이 있다. 원의 둘레에 같은 간격으로 점의 개수를 점차 늘려가며 배치한 다음, 점들을 빠짐없이 연결하여 선을 그리면 선분, 삼각형, 사각형, 오각형, 육각형이 만들어진다. 이때 각각에 대하여 원에 내접하는 점의 개수, 선의 개수, 삼각형의 개수, 사각형의 개수, 오각형의 개수, 육각형의 개수를 조사하면 파스칼 삼각형에서의 친숙한 패턴이 나타나는 것을 알 수 있을 것이다.

	점의 개수	선의 개수	삼각형의 개수	사각형의 개수	오각형의 개수	육각형의 개수
	1					
	2	1				
	3	3	1			
	4	6	4	1		
	5	10	10	5	1	
	6	15	20	15	6	1

42

5번째 카탈란 수

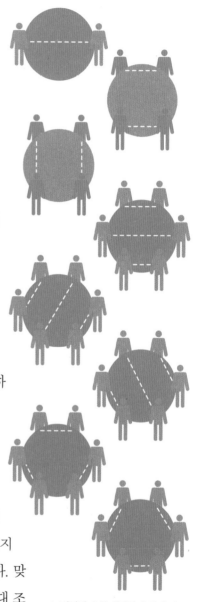

사람들은 더글래스 애덤스^{Douglas Adams}의 《은하수를 여행하는 히치하이커를 위한 안내서》에서 삶, 우주 그리고 모든 것의 의미에 관한 궁극적인 질문에 대한 해답으로 42라는 수를 즉각 떠올리기도 한다. 그 질문이 알려지지는 않았지만, 다음과 같은 질문이었을 수도 있다. "5번째 카탈란 수는 무엇일까?"

벨기에 수학자 외젠 카탈란^{Eugéne Catalan, 1814~1894}의 이름을 따서 붙인 카탈란 수는 다양한 수학 문제에서 나타난다.

한 예로, 연회에 초대받은 손님들이 예의를 갖춰 악수하려고 할 때, 초대받은 손님들 중 한 사람과만 악수할 수 있으며 악수하는 다른 조 사람들의 손과 교차하여 악수해서는 안 될 때 악수하기 위한 방법의 수는 어떻게 될까? 여러분은 손님들의 수가 짝수가 아니면 악수할 수 없다는 것을 곧 알게 될 것이다.

짝수 명의 손님들에 대하여 가능한 조합의 수를 조사해보자. 두 명일 때는 위의 조건에 맞게 악수하는 방법은 한 가지뿐이며 각각 다른 손으로 악수한다. 네 명일 때는 두 가지 방법이 있다. 이때 여러분은 왼손과 오른손으로 다른 사람과 악수할 수 있지만 여러분과 대각선 맞은편에 앉아 있는 사람과는 악수할 수 없다. 맞은편에 앉아 있는 사람과 악수하려면 두 조가 서로 악수할 때 상대 조의 악수하는 손과 교차하기 때문이다. 여섯 명일 때는 5가지 방법, 여덟 명일 때는 14가지 방법, 10명일 때는 42가지 방법이 있다.

이에 따라 카탈란 수를 나열하면 1, 2, 5, 14, 42, … 이다.

▲ 카탈란 수를 생각하기 위해, 손님들의 수를 짝수 2, 4, 6, 8, …로 점차 늘려갈 때 둥근 테이블에 앉아 있는 손님들의 악수하는 손이 서로 교차하지 않도록 악수하는 방법의 수를 생각해보자.

60

1분은 60초

1분이 왜 60초인지 궁금해한 적이 있나요? 우리는 대부분 10진법을 이용하고 있지만(43쪽 참조), 시간과 분을 나타낼 때는 10을 단위로 하지 않는 이유는 왜일까?

그것은 60진법을 사용했던 고대 바빌로니아인들로부터 시간 체계를 이어받았기 때문이다.

기수로 60을 사용하는 것은 매우 유용하다. 60이 많은 수(1, 2, 3, 4, 5, 6, 10, 12, 15, 20, 30, 60)로 나누어지기 때문이다. 또 분수를 계산할 때도 1, 2, 5, 10으로만 나누어떨어지는 10보다는 훨씬 간단하다.

프랑스 수학 사학자인 조르주 이프라$^{Georges\ Ifrah}$는 60을 사용한 것이 손가락과 관련된다고 생각하고 있다. 오른손을 펴서 손바닥을 살펴보라. 네 개의 손가락이 각각 세 개의 마디로 나누어져 있다. 이에 따라 오른손의 각 마디를 이용하여 1에서 12까지의 수를 나타낼 수 있다. 이프라가 어떤 이유로 이런 방법이 유용하다고 생각하게 되었는지를 알아보기 위해, 왼손의 네 손가락 중 집게손가락이 12를 나타내고, 가운뎃손가락이 24, 넷째 손가락이 36, 새끼손가락이 48을 나타낸다고 해보자.

이제 두 손을 사용하면 1에서 60까지 임의의 수를 간단히 나타낼 수 있다. 예를 들어 44를 보이기 위해서는 왼손의 넷째 손가락으로 오른손 가운뎃손가락의 가운데 마디(여덟 번째 마디)를 가리키면 된다. 왼손의 넷째 손가락이 36을 나타내고 오른손의 가운뎃손가락의 가운데 마디가 8을 나타내기 때문이다.

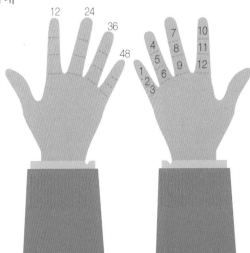

▼ 시간은 60의 배수로 나타낼 수 있다. 1에서 60까지 어떤 수든 두 손을 사용하여 쉽게 나타낼 수 있기 때문이다.

61

생일이 같은 사람이 있을 확률

생일 역설은 몬티 홀 문제(68쪽 참조)와 지구를 두른 밧줄 퍼즐(39쪽 참조)을 포함한 일련의 수학 문제에 해당한다. 이 역설은 상식과 다른 결과를 나타내는 것으로 알려져 있다.

여러분이 60명의 사람들과 한 공간에 있다고 할 때, 생일이 같은 사람이 있을 확률은 얼마일까? 생일 문제는 직관을 믿는 것이 별 도움이 되지 않는 한 예다. 얼핏 생각하면 윤년이 아닌 해는 365일이므로 누군가의 생일이 365일 중 어느 특정일일 확률은 $\frac{1}{365}$ 이며, 그 공간에 있는 61명의 사람들의 생일이 특정일일 확률은 $\frac{61}{365}$ 또는 17%에 불과하다고 말할 수 있다. 하지만 정답은 99.5%이다. 이것은 누군가가 여러분과 생일이 같은지에 대한 확률이 아닌, 임의의 두 사람의 생일이 같을 확률을 말한다.

수학으로 확인해보자.

근사한 답을 얻기 위해, 그 공간에 있는 모든 사람들이 상대를 바꾸어가며 두 명씩 짝을 지어 다른 모든 사람들과 정확히 한 번씩 그들의 생일을 교차 점검하면 된다. 즉 그 공간에 있는 61명의 사람들이 각각 60명의 다른 사람들에 대하여 생일을 조사하는 것이다. 이때 갑의 생일과 을의 생일을 조사하는 것은 을의 생일과 갑의 생일을 조사하는 것과 같다. 따라서 모든 조사가 두 번씩 중복하여 세어지므로, 61명이 두 명씩 짝을 지어 생일을 조사하는 전체 방법의 수는 $\frac{61 \times 60}{2} = 1830$ 회다. 2로 나누는 것은 모든 사람이 두 번 세어지지 않도록 하기 위함이다. 이것은 생일이 같을 가능성이 실제로 1830가지가 있다는 것을 의미한다. 여러분이 직접 사람들에게 물어봄으로써 모두 1830가지의 가능성을 조사할 수도 있다. 하지만 수학을 사용하여 그 값을 가늠하는 것이 훨씬 간단하다.

임의로 짝을 지은 두 명의 생일이 같을 확률은 $\frac{1}{365}$ 이다. 이에 따라 두 명의 생일이 일치하지 않을 확률은 $\frac{364}{365}$ 이다. 따라서 그 공간에 있는 어느 누구도 생일이 같지 않을 확률을 계산하기 위해서는 $\left(\frac{364}{365}\right)^{1830}$ 을 계산하면 된다. 계산기로 소수 네 번째 자리까지 계산하면 이 값은 0.0066이 된다. 이와 같은 간단한 방법으로 계산했을 때 공간에 있는 어느 누구도 생일이 같지 않을 확률은 단지 0.66%에 불과하다. 이는 곧 공간에 있는 사람들 중 생일이 같은 사람이 있을 확률이 99.3%라는 것이다. 하지만 보다 정확하고 엄밀한 방법으로 계산하면 그 확률은 99.5%가 된다.

실제로 23명만 모여도 생일이 같은 사람이 있을 확률은 50%가 넘는다. 그런데 이는 생일이 같은 사람이 있을 확률에 대해 추정하고 있으면서도 그 생일이 1년 중 임의의 날에 해당하는 경우에 대해서다. 하지만 현실에서 꼭 그렇게 적용되는 것은 아니다. 예를 들어 서양에서는 크리스마스 및 새해와 가까운 시기에 임신이 증가하면서 많은 아이들이 여름에 태어난다. 실제와의 이런 차이 때문에 생일이 같은 사람이 있을 확률은 대규모 집단에서 구하는 것이 훨씬 더 적절하다. 이것은 지식인들이 어떤 상황에 대하여 무조건 확률로 파악하는 것이 적절치 않음을 보여준다.

▼ 소집단에서 생일이 같은 사람이 있을 확률은 많은 사람들이 직관적으로 생각하는 것에 비해 훨씬 크다.

65

펜토미노 퍼즐에서 블록 조각을
배치시키는 방법의 수

컴퓨터 게임 테트리스는 세계 최고의 게임 순위 중에서도 매번 선두를 차지하는 역대 가장 인기 있는 게임 중 하나다. 1984년 처음 공개된 이래, 테트리스는 수억만 개 이상이 판매되었다.

이 게임의 목표는 화면 위에서 떨어지는 각기 다른 모양의 도형들을 틈 없이 하단에 정렬시켜 하나의 완전한 블록을 완성시키는 것이다. 수학자들은 이 도형들을 서로 겹치거나 틈이 생기지 않게 늘어놓아 평면을 덮는 것을 '테셀레이션^{tessellation}'이라고 한다. 테트리스에는 네 개의 정사각형 조각을 변끼리 붙여 만든 일곱 개의 조각 블록이 있다. 수학자들은 이 블록 조각을 '테트로미노^{tetromino}'라고 부른다. 이 게임의 러시아 발명가 알렉세이 파지노프^{Alexey Pajitnov}는 네 개라는 뜻의 테트라^{tetra}와 자신이 좋아하는 스포츠인 테니스를 조합해서 테트리스^{tetris}라는 게임 이름을 정했다.

테트로미노는 폴리오미노^{polyomino}의 한 종류다. 폴리오미노는 여러 개의 정사각형을 변끼리 이어 붙여 만든 새로운 도형을 이르는 말이다. 이어 붙이는 정사각형의 개수에 따라 종류를 구분해 한 개는 모노미노, 두 개는 도미노, 세 개는 트리오미노, 네 개는 테트로미노, 다섯 개는 펜토미노라고 한다. 폴리오미노는 솔로몬 W. 골롬^{Solomon W. Golomb} 박사가 1965년에 펴낸 《폴리오미노: 퍼즐, 패턴, 문제, 패킹》을 통해 널리 주목받게 되었다. 수학 퍼즐 폴리오미노 중 가장 인기 있는 것은 펜토미노다. 펜토미노는 다섯 개의 정사각형을 변끼리 이어 붙여 만든 것으로 열두 가지 모양이 만들어진다. 이 열두 가지 모양은 다루기에 적

▼ 인기 있는 컴퓨터 게임 테트리스의 도형은 테트로미노라 하며, 게임을 할 때 폴리오미노의 여러 종류 중 일부를 이용한다.

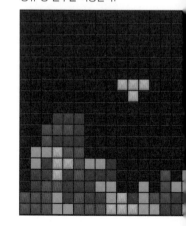

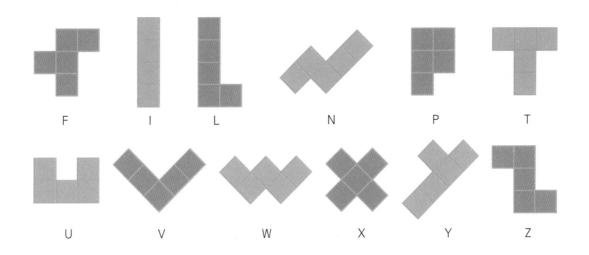

절하다. 한편 여섯 개의 정사각형을 변끼리 붙여 만든 헥소미노는 35가지 모양을 만들 수 있으며, 모양이 다소 많은 탓에 다루기가 쉽지 않다. 열두 가지 펜토미노 블록 조각은 형태가 닮은 알파벳 문자 라벨을 붙여 위 그림과 같이 구분한다.

인기 있는 펜토미노 퍼즐은 테트리스 게임과 같은 방식으로 열두 가지 모양의 블록 조각을 모두 사용하여 틈이 생기지 않게 직사각형 평면을 채운다. 열두 가지 블록 조각이 각각 다섯 개의 정사각형으로 이루어져 있으므로 직사각형의 넓이는 60개의 정사각형이 차지하는 넓이와 같으면 된다. 따라서 직사각형은 가로×세로가 12×5, 6×10 등이 되도록 바둑판 무늬가 그려져 있다. 이 두 가지의 직사각형에 대해 열두 가지 블록 조각을 배치시킬 수 있는 방법의 수는 각각 1010가지와 2339가지가 있다. 그러나 3×20의 직사각형에 대해서는 오직 두 가지 방법으로만 배치시킬 수 있다.

이 게임을 쉽게 할 수 있는 방법 중 한 가지는 한가운데에 2×2의 구멍이 있는 8×8 직사각형(여전히 넓이는 60개의 정사각형이 차지하는 넓이와 같다)에 열두 가지 펜토미노를 배치하는 것이다. 구멍이 뚫린 이 직사각형에 열두 가지 펜토미노를 배치시키는 방법의 수는 모두 몇 가지일까? 1958년, 미국의 컴퓨터 과학자 데이나 스콧^{Dana Scott}은 모두 65가지가 있다는 것을 알아냈다.

66.7

몬티 홀 문제에서 문을 바꿀 때 승리할 확률

때로 상식은 우리를 기만한다. 처음에 명백해 보이는 것이 수학적 추론에 의해 잘못된 것이라는 사실이 종종 밝혀지곤 한다. 이런 상황에 대한 가장 유명한 사례로 몬티 홀 문제를 들 수 있다. 이 문제의 이름은 유명한 미국의 게임 쇼 사회자의 이름을 따서 붙인 것이다.

한 TV 게임 쇼에서 참가자가 닫혀 있는 세 개의 문을 바라보며 서 있는 상황을 상상해보자. 두 개의 문 뒤에는 각각 염소가 있고 한 개의 문 뒤에는 자동차가 있다. 하지만 참가자에게 어떤 문 뒤에 무엇이 있는지는 말해주지 않는다. 참가자는 열고 싶은 문을 선택해 그 뒤에 있는 것을 가져가게 된다. 그래서 참가자가 선택한 문을 열려는 순간, 사회자가 막아선다. 그러고는 문 뒤에 있는 것이 무엇인지 알고 있다면서, 참가자가 선택하지 않은 문 중 하나를 열자 염소가 나왔다. 계속해서 사회자는 참가자에게 다른 문으로 바꿀 기회를 주겠다고 제안한다.

만일 여러분이 이 게임의 참가자라면, 자동차를 가져가기 위해 어떻게 할 것인가? 가장 평범한 답변은 단연코 처음 선택을 고수하는 것이다. 그들에 따르면 자동차를 가져갈 가능성이 50:50이라는 것이다. 그래서 처음 선택을 고수하는 것이 그 어느 선택보다 가능성이 높다는 것이다. 또 처음에 자동차를 선택한 상황에서 바꾼다면 실망하게 되리라는 것이다. 하지만 그것은 잘못 생각한 것이다. 실제로 처음 선택을 고수하면 자동차를 가져갈 확률은 33.3%에 불과하지만 선택을 바꾸면 그 확률은 66.7%가 된다.

그 이유를 알아내는 가장 간단한 방법은 2001년 개봉한 영

▼ 닫혀 있는 세 개의 문에 관한 몬티 홀 문제. 학자들은 처음 선택한 문을 고수하는 것은 불리하다고 주장한다.

화 〈뷰티풀 마인드〉로 유명해진 '게임이론'이라는 수학 분야를 토대로 생각하는 것이다. 게임이론의 도구들 중 하나는 '보수 행렬payoff matrix'이다. 이는 몇몇 게임을 통해 나타나는 모든 가능한 결과를 알기 쉽게 표로 나타낸 것을 말한다.

다음은 몬티 홀 문제에서 참가자가 문 1을 선택했을 때 나타나는 보수 행렬이다. 이때 사회자는 항상 염소가 있는 문을 연다고 하자.

문1	문2	문3	사회자가 연 문	처음 선택을 고수할 때 가져가는 것	처음 선택을 바꿀 때 가져가는 것
염소	염소	자동차	문2	염소	자동차
자동차	염소	염소	문2 또는 문3	자동차	염소
염소	자동차	염소	문3	염소	자동차

참가자가 집으로 가져갈 염소나 자동차를 문 뒤에 놓는 방법의 수는 세 가지다. 이 게임을 진행할 때, 가능한 세 가지 경우 중 처음 선택을 바꿀 때 자동차를 가져갈 수 있는 것은 두 가지 경우임을 알 수 있다. 처음 선택을 고수할 때 자동차를 가져갈 확률은 단지 $\frac{1}{3}$에 불과하다. 문 1을 선택하는 것에 대하여 특별한 것은 없다. 문 2나 문 3을 선택한 것으로 가정하더라도 처음 선택을 바꾸고 고수하는 것에 대해 그 결과를 계산하면 그 확률은 같다.

처음 선택을 고수하는 것이 단연코 유리하다는 생각에 대한 오류는 두 개의 문이 남아 있으므로 자동차를 가져갈 수 있는 가능성이 50:50이라고 하는 잘못된 추측에서 비롯된 것이다. 처음에 자동차를 선택할 확률이 33.3%이었고, 사회자가 다른 두 개의 문 중 하나를 열었기 때문에 그 확률은 달라지지 않는다. 그러나 선택을 바꿀 경우에는 사회자가 그 게임을 제안할 때의 상황을 잘 이해해야 한다. 모든 확률을 더하면 100%가 되어야 하므로, 자동차가 다른 문 뒤에 있을 확률은 66.7%가 된다. 따라서 처음 선택을 바꾸어야 한다.

68

평균으로부터 1표준편차 구간 내에 있는 정규분포 변량의 %

변량은 다른 많은 방법으로 흩어져 있을 수 있다. 대다수의 변량은 평균 위에 위치할 수 있지만 똑같이 평균 아래에 위치할 수도 있다. 그 수가 매우 많은 변량들의 경우, 변량을 나타내는 점들은 종종 양쪽에 똑같이 위치한다. 그래프에 점들을 나타내면, 퍼져 있는 분포 모양이 종 모양을 하고 있어 종종 '종곡선'이라고도 한다. 또 '정규분포' 또는 독일의 수학자인 카를 프리드리히 가우스의 이름을 따서 '가우스분포'로도 알려져 있다.

표준편차 구하기

정규분포의 주요 특징 중 하나는 통계량인 표준편차와 관계가 있다는 것이다. 표준편차는 변량이 퍼져 있는 정도를 나타낸다. 변량들의 중앙에 평균을 배치한다. 이때 이 평균의 주변에서 나머지 변량을 나타내는 점들은 얼마나 빽빽하게 놓이게 될까? 다음 두 자료를 살펴보자.

1, 2, 3, 4, 17, 20, 23

8, 9, 9, 10, 10, 10, 14

두 자료의 변량들을 각각 더하면 모두 70이 된다. 이때 두 자료 모두 일곱 개의 변량으로 이루어져 있으므로 두 자료의 평균 또한 모두 10이다. 하지만 첫 번째 자료의 변량들이 두 번째 자료의 변량들보다 훨씬 더 많이 퍼져 있다는 것을 알 수 있다. 이때 표준편차가 도움이 된다.

표준편차를 구하는 다음 식은 처음엔 다소 복잡해 보이지만 실제로 그렇게 어려운 것은 아니다.

$$\text{SD} = \sqrt{\frac{\sum (x - \bar{x})^2}{n}}$$

이때 x는 자료의 변량, $\bar{x}$는 평균, n은 자료에서 변량의 개수를 나타낸다. $\sum$는 그리스 문자로, 모든 값을 더하는 것을 나타낼 때 사용하는 기호다.

이 식을 이용하여 표준편차를 구하기 위해서는 먼저 각 변량을 나타내는 점들이 평균에서 얼마나 떨어져 있는지를 나타내는 편차 $(x - \bar{x})$를 계산한다. 그런 다음, 계산한 편차들을 각각 제곱하여 평균 $\left(\frac{\sum (x - \bar{x})^2}{n}\right)$을 구한다. 이 값을 분산이라 하는데, 분산의 양의 제곱근이 바로 표준편차다. 여기서 첫 번째 자료의 표준편차를 구해보자.

먼저 편차의 제곱의 합 548을 변량의 수 7로 나누어 분산을 계산하면 78.3이 된다. 따라서 표준편차는 $\sqrt{78.3}$ ≒8.8이다. 같은 방법으로 두 번째 자료에 대하여 표준편차를 구하면 1.8이다. 이때 표준편차가 적을수록 변량을 나타내는 점들이 평균 주변에 더 많이 몰려 있다는 것을 알 수 있다.

이것은 정규분포와 어떤 관련이 있는 걸까? 어떤 자료가 정규분포를 따를 때, 변량을 나타내는 모든 점들의 약 68%가 평균의 양쪽에서 1표준편차만큼 떨어져 있는 구간 내에 있게 되며, 약 95%는 2표준편차만큼 떨어져 있는 구간 내에 있게 된다.

이와 같은 통계는 특히 표본의 정보를 통해 모집단의 정보를 추정하기 위해 사용할 때 강력하다. 예를 들어 대양의 어류를 추

분산 계산

x	$x - \bar{x}$	$(x - \bar{x})^2$
1	-9	81
2	-8	64
3	-7	49
4	-6	36
17	7	49
20	10	100
23	13	169
	총 합계	548

$$\frac{548}{7} = 78.3$$

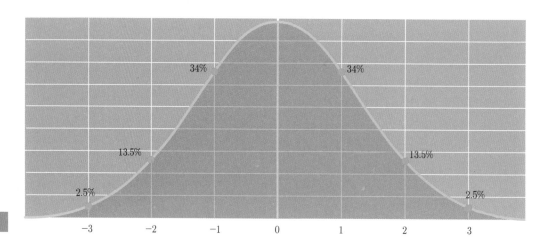

▲ 변량이 평균의 주변에 얼마나 밀집되어 있는지를 보여주는 정규분포 그래프. x축은 표준편차를 나타낸다.

적하는 것은 중요하지만 모든 어류를 세는 것은 실제로는 거의 불가능하다. 하지만 모든 어류가 정규분포를 따른다고 할 때, 어류의 표본을 추출함으로써 통계를 사용하여 나머지 정보를 얻을 수 있다.

카를 프리드리히 가우스 ^{1777~1855}

독일에서 태어난 가우스는 '수학의 왕자'로 알려져 있다. 그는 수학을 '과학의 여왕'이라 불렀으며(142쪽 참조). 어렸을 때부터 수학에 천부적인 재능을 보였다. 가우스는 수학을 이용하여 자신의 생일을 계산하기도 했다. 문맹이었던 그의 어머니가 정확한 생일을 기록해놓지 않았기 때문이다. 그녀는 그의 생일이 부활절과 관계있다는 것만 기억하고 있었다. 그러나 부활절은 태음력에 따라 정해지기 때문에 날짜가 매년 바뀐다. 당시 스물두 살이던 가우스는 과거나 미래의 어떤 해이든 적용되는 부활절 주일의 날짜 계산법을 고안해 자신의 생일이 4월 30일임을 알아냈다.

1801년, 소행성 세레스를 발견하고 처음에는 행성이라고 불렀던 천문학자 주세페 피아치 ^{Giuseppe Piazzi} 는 얼마 지나지 않아 이 행성의 위치를 놓치고 말았다. 19세기 초 천문학을 연구하던 가우스는 이전 관측 자료를 이용하여 세레스의 위치를 정확히 계산했으며, 오늘날의 왜소 행성에 대한 연구를 지속할 수 있었다.

70

가장 작은 괴짜수

수는 여러 유형으로 분류할 수 있다. 홀수·짝수가 될 수도 있고, 완전수·괴짜수가 될 수도 있다. 괴짜수는 자기 자신을 제외한 약수를 모두 더한 값이 자신보다 크면서도 약수들 중 일부를 더한 값이 그 수가 되지 않는 수를 말한다. 다음 예를 보자.

70의 경우, 자기 자신을 제외한 약수 1, 2, 5, 7, 10, 14, 35를 모두 더하면 74가 된다. 이와 같이 자기 자신을 제외한 약수를 모두 더한 값이 자신보다 큰 수를 과잉수^{abundant number}라 한다. 또 이 약수들 중 일부를 아무리 더해도 절대 70이 되지 않으므로, 70은 '괴짜스러운' 수인 것이다.

그런데 과잉수이면서도 괴짜수가 아닌 수가 있다. 예를 들어 12는 자기 자신을 제외한 약수 1, 2, 3, 4, 6을 모두 더하면 16이 되어 과잉수이지만 $6+4+2=12$와 같이 약수들 중 일부를 더한 값이 12가 되므로 괴짜수가 아니다.

70 다음의 괴짜수는 836이다. 자기 자신을 제외한 약수 1, 2, 4, 11, 19, 22, 38, 44, 76, 209, 418을 더하면 844가 되며, 약수들 중 일부를 더하더라도 결코 836을 만들 수 없다.

수학자들은 괴짜수가 무수히 많다는 것을 증명했지만 아직까지 홀수인 괴짜수가 존재하는지에 대해서는 명료하게 증명하지 못했다.

74

상자 안에 공을 넣을 때 차지하는 최대 부피

모두 경험해보았을 것이다. 계산을 잘못해서 여행 가방이 넘치는 경우를 말이다. 이때는 신발 속에 양말을 쑤셔 박는 등 모든 수단을 동원하여 보다 효율적인 방법을 찾아봤을 것이다. 1611년, 독일의 천문학자이자 수학자인 요하네스 케플러$^{Johannes\ Kepler,\ 1571~1630}$가 정육면체 상자 안에 공을 가장 효율적으로 채울 수 있는 방법을 추측하면서 알려지게 된 '상자 채우기 문제$^{packing\ problems}$'는 수 세기 동안 수학자들을 매료시켜왔다. 당시 케플러는 수학자이자 천문학자인 토마스 해리엇$^{Thomas\ Harriot}$과 서신을 주고 받는 사이로, 해리엇은 유명한 탐험가 월터 랠리$^{Walter\ Raleigh}$ 경의 조수로 일하고 있었다. 월터 랠리 경이 해리엇에게 배의 갑판에 포탄을 쌓기 위한 가장 좋은 방법을 찾아보라는 명령을 내리자, 해리엇이 케플러에게 도움을 요청하는 편지를 쓰면서 이 문제를 연구하게 되었다.

▲ 천문학자로 잘 알려진 요하네스 케플러는 수학자이기도 하다. 가장 효율적인 구 쌓기 방법에 대한 케플러의 추측은 오랜 시간 미해결 상태였다.

케플러의 추측

상자 안에 무작위로 공을 던져 넣는 방법도 상당히 좋은 방법 중 하나이다. 평균적으로 이 방법은 그 공간의 65%를 채울 수 있다. 그런데 보다 나은 방법은 없을까? 케플러는 식료품점에서 오랫동안 오렌지를 쌓아왔던 방식으로 쌓는 것이 최적의 배열법이라고 제안했다. 이 배열 방식은 먼저 바닥층을 삼각형이나 육각형 모양으로 구를 배열하고, 그 바로 위의 층에는 바닥층에 쌓은 공들 사이에 생긴 틈에 공을 배열한다. 케플러는 이런 방법으로 정육면체 상자 안에 공을 채우면 그 공간의 $\frac{\pi}{(3\sqrt{2})}$ 또는 74%를 채우게 될 것이라고 계산했다. 이것이 점점 케플러의 추측으로 알려지게 되었다.

육방 최밀 격자 방식과 면심 입방 격자 방식 모두 최적의 방법이라는 케플러의 추측 중 규칙적인 패턴으로 공을 쌓는 방식이 가장 최적의 방법임을 1831년 카를 프리드리히 가우스가 증명했다(70쪽 참조). 하지만 20세기 무렵까지도, 배열 방식이 규칙적 격자가 아니어도 성립된다는 케플러의 추측은 미해결 상태로 남아 다비드 힐베르트[David Hilbert]의 23개 미해결 문제에 포함되어 있었다(54쪽 참조).

케플러의 추측 문제가 드디어 해결되다

1953년 헝가리의 수학자 라슬로 페에스 토트[László Fejes Tóth]는 케플러의 추측 문제를 해결하기 위해 구의 모든 가능한 배열을 확인하는 방법을 제안했다. 하지만 당시에 이것은 상당히 많은 계산을 수반했다. 그는 슈퍼 컴퓨터라면 이 계산들을 하루 만에 점검할 수 있다고 주장했다. 1958년 영국의 수학자 클로드 앰브로즈 로저스[Claude Ambrose Rogers]는 최댓값이 78% 이상이 될 수 없다는 것을 증명했으며 케플러가 추측한 것과 이 상한값 사이에는 최댓값이 존재하지 않는다는 것도 알아냈다.

1990년 우이 시앙[Wu-Yi Hsiang]이 케플러의 추측을 증명했다고 주장했다. 그러나 라슬로의 아들인 가보르 페에스 토트[Gábor Fejes Tóth]를 포함한 검토자들은 그 주장에 대해 회의적이며, 많은 수학자들이 여전히 시앙의 증명을 불완전한 것으로 여기고 있다. 1998년 토머스 헤일스[Thomas Hales]는 250쪽의 논문과 3기가에 달하는 컴퓨터 프로그램으로 되어 있는 증명을 발표했다. 이 디지털을 이용한 증명은 페에스 토트 시니어[Fejes Tóth Snr]가 이미 예견한 것이었다. 열두 명으로 구성된 검토 위원회는 그 증명이 99% 옳은 것으로 확신했다.

이후 헤일스는 남은 1%의 의혹도 없는 완전한 증명을 위해 2003년 여러 개의 컴퓨터를 사용하여 플라이스펙[Flyspeck] 프로젝트를 시작했다. 2015년 1월 헤일스의 연구팀은 케플러의 추측에 대한 공식적인 증명을 발표했다. 케플러의 추측은 400년 만에 옳았다는 것이 증명되었다.

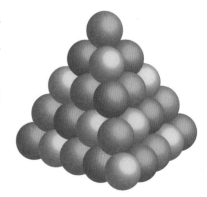

▼ 케플러는 입방체 안에 구를 쌓는 최적의 방법이 과일가게에서 오렌지를 쌓은 방식과 같은 육방 최밀격자라는 방식임을 제안했다.

90

직각을 기준으로 한 각의 분류

직각삼각형의 성질들은 잘 정리되어 있다. 피타고라스 정리(15쪽 참조)와 삼각비는 각 변의 길이와 다른 두 각 사이의 관계를 설명하고 있다(28쪽 참조).

직각을 만들기 위한 가장 쉬운 방법은 직선을 절반으로 자르면 된다. 이는 원에서 $\frac{1}{4}$ 회전과 같으며 기호 R로 나타낸다.

고대 그리스의 수학자 탈레스의 이름을 따서 붙인 탈레스의 정리는 직각을 만드는 또 다른 방법을 제시하고 있다. 이 정리에 따르면, 원에 내접하는 삼각형 ABC에 대하여 변 AC가 원의 지름과 일치할 때, 각 B가 직각이 된다. 피타고라스학파의 전통에 따라, 이 정리를 발견한 탈레스는 감사의 뜻으로 황소 한 마리를 신의 제단에 바쳤다고 한다. 탈레스의 연구는 유클리드의 유명한 책《기하학원론》에 제시되어 있다(37쪽 참조).

다른 종류의 각은 직각을 기준으로 분류한다.

예각 직각보다 작은 각

둔각 90°보다 크고 180°보다 작은 각

평각 정확히 180°인 각(두 개의 직각과 같다)

우각 180°보다 큰 각(두 개의 직각보다 크다)

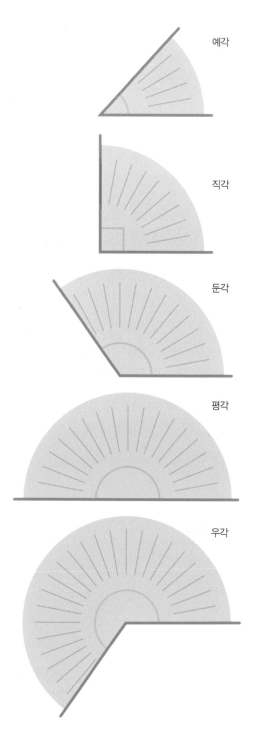

100

최초의 RSA 수의 숫자 개수

인터넷은 쇼핑의 세계에 대혁명을 일으켰다. 편안한 거실에서 가상의 선반에 진열된 상품을 둘러볼 수 있고, 마트의 냉장 식료품 코너를 돌아보지 않아도 식료품을 구입할 수 있다. 마우스를 클릭하는 것만으로 매주 쇼핑한 것을 현관 앞에서 받아볼 수 있다.

그러나 이 편리한 전자상거래의 세상은 문제점을 내포하고 있다. 결제와 관련된 정보를 중간에서 가로채 물건을 구매할 때 사용하는 등의 사기 범죄에 이용될 가능성이 높다. 이처럼 온라인 쇼핑을 이용하기 위해서는 정보를 캐내려는 이들로부터 신용카드 정보를 지키기 위한 방법이 필요한데, 지금은 소수를 사용하여 이루어지고 있다.

수천 년에 걸쳐 비밀 정보를 암호화하고 해독하는 일이 계속 이어져 왔으며 44쪽에서 살펴보았듯이 고대의 암호 작성법은 현대에서는 더 이상 사용되지 않는다.

안전한 온라인을 위하여!

웹사이트에 접속할 때, 브라우저는 그 사이트가 가짜 사이트가 아니며 접속이 안전하다는 것을 알려주기 위해 기호를 보여준다. 브라우저에 따라, 이것은 보통 잠긴 자물쇠 모양으로 나타내거나 주소창의 앞 또는 뒷부분에 초록색 띠 형태로 나타내기도 한다. 이 기호를 클릭하면 브라우저는 그 페이지에 얼마나 안전하게 접속되어 있는지에 대한 추가 정보를 준다.

사이트에 접속할 때 암호화되어 있다면, 이는 분명 공개키 암호화 방식을 사용하고 있을 것이다. 이 암호 체계는 1973년 영국 정보 통신 본부인 GCHQ에서 비밀리에 고안되었다. 그리고 정부의 보안 업무 수행을 위해 1997년 GCHQ는 이 암호 체계를 발명했다고 발표했다. 하지만 1977년에 만들어진 이와 유사한 RSA 암호 체계가 앞서 공개되면서 보다 널리 알려지게 되었다. RSA는 이 암호 체계를 만든 로널드 리베스트^{Ron Rivest}와 아디 샤미르^{Adi Shamir}, 레너드 애들먼^{Leonard Adleman}의 성을 따서 이름을 붙인 것이다.

전통적인 암호화 방식의 문제는 메시지를 해독하는 방법에 대한 정보도 보내야 한다는 것이었다. 여러분이 메시지를 암호화하지 않고, 대신 상자 안에 편지를 넣어 자물쇠로 잠갔다고 생각해보자. 수령인이 상자를 열기 위해서는 적절한 시점에 열쇠가 주어져야 할 것이다. 만일 전달자가 여러분의 메시지를 배달하는 도중에 비양심적으로 열쇠를 복사하게 되면, 그들 또한 여러분이 보내는 앞으로의 메시지들을 읽을 수 있게 될 것이다. 하지만 여러분이 그 상자를 잠그는 열쇠 한 개와 상자를 열기 위한 또 다른 열쇠를 가지고 있다면, 여러분의 통신수단은 훨씬 안전해질 것이다. 이것이 바로 공개키 암호화가 작동하는 방식이다. 이 RSA 암호 방식은 두 개의 열쇠, 즉 '공개키'와 '개인키'를 갖

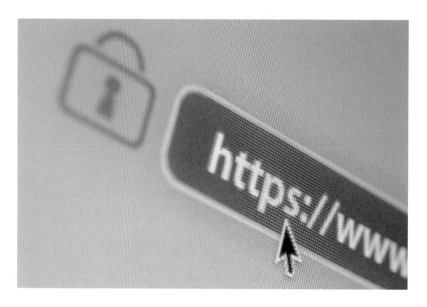

▲ 인터넷 브라우저의 주소 창 옆의 자물쇠 모양은 현재의 접속이 안전하다는 것을 의미한다. 이런 보안에 사용된 암호체계는 소수를 바탕으로 만든 것이다.

는다.

만일 여러분이 나에게 메시지를 보낼 것을 원한다면, 난 여러분에게 공개키를 주어야 하고, 여러분은 암호화하기 위해 그 공개키를 사용해야 한다. 이때 여러분이 보낸 메시지를 해독하기 위한 유일한 방법은 내가 가지고 있는 개인키를 이용하는 것이다. 개인키는 어느 누구도 복사할 수 없도록 아무에게도 알려주지 않은 것이다. 이 두 키는 보다 큰 수를 얻기 위해 두 개의 거대 소수를 곱할 때 만들어진 것이다. 여러분에게 단지 매우 큰 수만 주어지면, 곱하기 전의 두 개의 거대 소수를 추측하기는 아주 어렵다. RSA 암호 체계의 안정성은 이 사실을 바탕으로 만들어진 것이다. 공개키는 매우 큰 수를 바탕으로 만들지만, 개인키는 찾기 어려운 두 개의 작은 수를 바탕으로 만든다.

소수로 된 키

공개키가 4,189라고 해보자. 두 소수를 곱하여 이 수를 얻으려면, 어떤 것들을 곱해야 할까? 59와 71이다. 이때 공개키가 네 자리의 수임에도 불구하고 곱해지는 두 소수를 구하기 위해서는 잠깐 동안의 시간이 걸린다. RSA 암호 체계에서, 공개키로 사용된 최초의 수들은 무려 100자리의 수들로, RSA-100으로 알려져 있다. 이렇게 만든 암호는 1991년에 해독되었으며, 전산기 시간으로 이틀 정도가 소요되었다. 2009년에는 232자리의 RSA 수를 인수분해하여 두 개의 소수를 구했다는 사실이 알려졌다. 이 두 소수를 구하는 데만 자그마치 2년이 걸렸고 개인용 컴퓨터 한 대로 구하면 2000년이 소요된다고 한다. 오늘날 온라인의 공개키 암호화 방식은 일반적으로 1024bit 공개키(309자리의 RSA 수)를 사용한다.

대다수 사람들은 결제 정보가 어떻게 안전하게 유지되고 있는지에 대한 인식 없이 행복한 인터넷 쇼핑을 즐기고 있을 것이다. 이것은 수학이 유난을 떨지 않으면서 우리가 행하는 모든 것을 어떻게 뒷받침하고 있는지를 보여주는 한 예에 해당한다.

153

가장 작은 나르시시즘 수

어떤 수가 자기 자신을 다룰 때 그 수를 나르시시즘 수^{Narcissistic number}로 간주한다. 보다 정확히 말하면, n자리의 수에 대하여 각 자리의 수를 n제곱하여 더한 결과가 다시 자신이 되는 수이다. 이러한 수 중에서 가장 작은 수는 153이다. $1^3+5^3+3^3=1+125+27=153$이기 때문이다. 때때로 이들 수를 암스트롱 수^{Armstrong numbers}라고도 한다. 컴퓨터 프로그래머인 마이클 암스트롱^{Michael F. Armstrong}의 이름을 따서 붙인 것으로, 자신의 강좌를 듣던 한 학생에게 이런 유형의 수 찾기 과제를 내주었다.

이 조건을 만족하는 세 자리의 수는 153을 포함하여 모두 네 개뿐이다.

$$370 = 3^3 + 7^3 + 0^3 = 27 + 343 + 0$$

$$371 = 3^3 + 7^3 + 1^3 = 27 + 343 + 1$$

$$407 = 4^3 + 0^3 + 7^3 = 64 + 0 + 343$$

물론 나르시시즘 수가 세 자리 수만 있는 것은 아니다. 네 자리의 나르시시즘 수 중 가장 작은 수는 1634로, $1^4+6^4+3^4+4^4=1+1296+81+256=1634$이다. 나르시시즘 수는 모두 88개이며, 가장 긴 수는 39자리의 수다.

이 수가 많은 수학과 관련이 있을 것이라는 것에 대한 논란도 있다. 영국의 수학자 고드프리 하디^{G. H. Hardy}는 《어느 수학자의 변명 ^{A Mathematician's Apology}》에서 나르시시즘 수는 "퍼즐 칼럼 코너에 싣기에 적절하고 아마추어 수학자들의 흥미를 유발하는 것은 사실이지만, 수학자들의 관심을 끌 만한 것은 아무것도 없다"고 말하기도 했다.

176

최고의 매력을 가진 마방진의 합

　수학은 아름답고 흥미를 불러일으킨다. 사람들이 수 세기 동안 즐거움과 진전을 위해 다룬 수인 레크리에이션 수학의 가장 오래된 유형 중 한 가지는 '마방진'이다. 중국에서 내려오는 이야기에 의하면, 기원전 650년대 초에 대홍수가 있었다고 한다. 이로 인해 황허^{黃河}가 범람하자 우왕은 물길을 바꾸어 강물을 바다로 보내는 공사를 했다 그때 등에 무늬가 새겨진 거북이 한 마리가 나타났다. 3×3의 격자에 점들이 배열되어 있었고, 가로, 세로, 대각선에 배열된 수들을 모두 더하면 항상 15로 같았다. 이 수는 중국의 각 24절기의 날짜 수와도 같은 것이었다.

　이것은 마방진의 주요 특성 중 하나로, 마방진이 가지고 있는 여러 특성은 중세부터 수학자들을 비롯해 많은 사람들을 매혹시켰다. 1514년, 유명한 독일의 예술가 알브레히트 뒤러^{Albrecht Dürer}는 우울한 표정의 날개 달린 여인을 묘사한 판화 〈멜랑콜리아^{Melencolia} 1〉을 제작했다. 이 판화를 자세히 살펴보면 여인의 등 뒤에 있는 벽에 가로, 세로, 대각선의 수들을 모두 더했을 때 34가 되는 마방진이 새겨진 것이 보인다. 이 마방진은 특이하게도 가로, 세로, 대각선에 있는 수들만이 아닌, 가운데에 있는 2×2 사각형과 네 귀퉁이에 있는 2×2 사각형에 있는 수들의 합도 34가 된다. 심지어 마방진의 맨 마지막 행 가운데 두 칸의 수를 조합하면 이 판화가 제작된 해가 되기도 한다(83쪽 참조). 숭배에 가까울 정도로 수학을 좋아했던 뒤러는 판화에 육면체에서 두 개의 꼭짓점을 삼각형으로 자른 모양의 다면체를 그려 넣었다. 예술 작품에 마방진을 그려 넣은 또 다른 예는 가우디가 스페인 바르셀로나에 건축한 사그라다 파밀리아 대성당의 파사드에서 찾아볼 수 있다. 4×4 마방진이 새겨져 있으며, 가로, 세로, 대각선에 있는 수들을 모두 더하면 33이 된다. 이 수는 예수가 십자가에 매달려 사망한 나이를 의미한다.

매우 주목할 만한 특성을 가진 독특한 마방진도 있다.

다른 마방진처럼 가로, 세로, 대각선에 있는 모든 수의 합이 176으로 같음은 물론 가운데에 있는 2×2 사각형과 네 귀퉁이에 있는 2×2 사각형에 있는 수들의 합도 176이다. 이제 이 마방진에 숨겨져 있는 마법을 살펴보기로 하자. 아래 그림을 위아래로 뒤집은 다음 오른쪽 변을 기준으로 다시 뒤집어보라.

첫 번째 행에 11, 22, 58, 82가 적힌 새로운 마방진을 보게 될 것이다. 놀랍게도 이 수들을 모두 더하면 176이 된다. 또 뒤집어진 새 마방진도 마찬가지로 가로, 세로, 대각선에 있는 모든 수를 더하면 176이 되며, 가운데에 있는 2×2 사각형과 네 귀퉁이에 있는 2×2 사각형에 있는 수들의 합도 176이 된다.

이외에도 또 다른 흥미로운 특성이 있다. 처음 마방진의 오른쪽 변에 거울을 대고 비추면 이번에는 아래 그림과 같이 첫 번째 행에 58, 12, 81, 25가 적힌 마방진이 만들어진다. 이 세 번째 마방진도 위와 같은 특성을 가지고 있으며 모든 경우에 그 합 또한 176이 된다. 사실 오른쪽 변에 대해 반사된 이 마방진을 위아래로 뒤집고 다시 오른쪽 변에 대해 반사시키면 첫 번째 행에 28, 82, 55, 11이 있는 또 다른 독특한 마방진이 만들어진다. 이 마방진 역시 위와 같은 특성을 가지고 있으며 모든 경우에 그 합은 176이 된다. 이것이 바로 수들이 아름답게 보일 수밖에 없는 이유다.

▶ 1514년 알브레이트 뒤러가 제작한 판화 〈멜랑콜리아 1〉. 벽에 걸린 종 아래에 4×4 마방진이 있다.

▼ 이 매직 마방진을 거울에 비춰보라. 모든 경우의 수의 합이 같을 것이다.

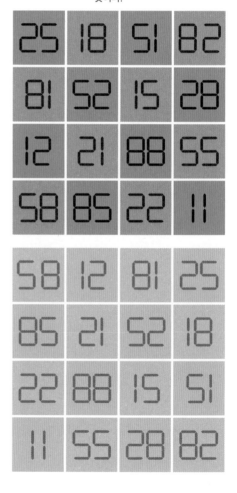

180

삼각형의 세 내각의 크기의 합

앞에서 정삼각형, 이등변삼각형, 부등변삼각형을 살펴볼 때, 이미 삼각형의 내각의 합이 180°라는 것을 알았지만(24쪽 참조), 수학자들은 이것이 모든 삼각형에 대해 성립한다는 것을 어떻게 확신하는 것일까?

아래 그림은 평행한 두 직선 AB, CD가 다른 한 직선과 만날 때 각 교차 지점에서 네 개의 각이 만들어지는 것을 나타낸 것이다. 이때 이들 각에 대하여 다음과 같은 성질이 성립한다.

1 맞꼭지각의 크기는 같다. ∠a와 ∠d, ∠b와 ∠c, ∠f와 ∠g, ∠e와 ∠h처럼 서로 마주 보는 각을 맞꼭지각이라 한다.

2 동위각의 크기는 같다. ∠a와 ∠e, ∠b와 ∠f, ∠c와 ∠g, ∠d와 ∠h처럼 같은 위치에 있는 각을 각각 서로 동위각이라고 한다.

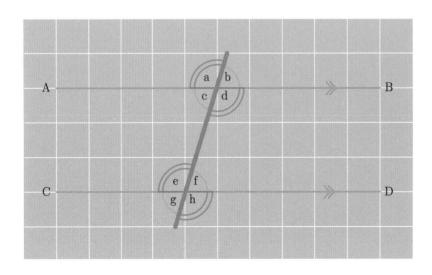

3 엇각의 크기는 같다. ∠c와 ∠f, ∠d와 ∠e와 같이 엇갈린 위치에 있는 각을 각각 서로 엇각이라고 한다.

4 서로 이웃하는 각(∠a와 ∠b, ∠c와 ∠d, ∠a와 ∠c 등)의 크기의 합은 180°다. 이 두 각의 합을 중심각으로 하는 호를 그리면 반원이 그려진다.

5 내각(∠d와 ∠f, ∠c와 ∠e와 같이 평행하는 두 직선 안쪽에 위치한 각)의 크기의 합은 180°다.

특히 이들 성질은 세 내각의 크기가 각각 ∠a, ∠b, ∠c인 삼각형 ABC에 대하여 오른쪽 그림과 같이 두 개의 평행선을 그릴 때 적절하게 활용된다.

엇각의 성질에 따라, ∠a

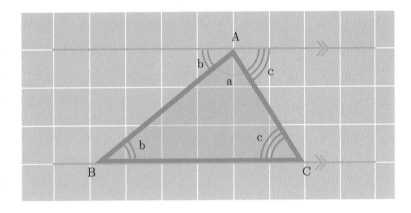

오른쪽에는 삼각형의 밑각 중 하나인 ∠c와 크기가 같은 각이 위치하고, 왼쪽에는 ∠b와 크기가 같은 각이 위치하게 된다.

이때 ∠a, ∠b, ∠c가 맨 위의 한 직선을 따라 놓여 있으므로, 서로 이웃하는 세 각의 크기의 합은 180°다. 한편 이들 세 각은 모두 삼각형 ABC의 내각이므로 삼각형의 내각의 크기의 합은 180°다.

이것은 삼각형의 내각의 크기의 합은 180°라는 사실을 수학적으로 증명한 것이다. 이때 삼각형에 대하여 각 변의 길이와 각의 크기를 임의로 설정하였기 때문에, 이 사실은 두 개의 평행선 사이에 그릴 수 있는 모든 삼각형에 대하여 성립한다고 할 수 있다.

220 & 284

가장 작은 친화수

앞에서 어떤 수들이 그들 약수의 독특한 특성으로 해서 어떻게 특별한 관심을 갖는 수가 되었는지를 알아보았다. 친화수 또한 예외가 아니다. 두 수에 대하여 자기 자신 이외의 약수의 합이 각각 상대 수가 되는 두 수를 친화수라 한다. 가장 작은 친화수는 220과 284다.

220은 자신 외의 약수는 1, 2, 4, 5, 10, 11, 20, 22, 44, 55, 110으로 이들 수를 모두 더하면 284가 된다. 또 284은 자신 외의 약수는 1, 2, 4, 71, 142로 이들 수를 모두 더하면 220이 된다. 이 친화수를 알고 있던 피타고라스학파의 수학자들은 이 두 수에 신비주의적이고 점성술적인 의미를 부여했다. 시간이 흐르면서 다른 유명한 수학자들이 더 많은 친화수를 발견했다.

17세기에 피에르 드 페르마가 17,296과 18,416이 친화수임을 알아냈다고 말하기도 하지만 아라비아 수학자들이 이미 몇 세기 전에 발견한 것이라고 주장하는 사람들도 있다. 레온하르트 오일러^{Leonhard Euler}는 가장 많은 친화수를 발견한 사람으로, 친화수를 찾는 데 유용한 식을 만든 후 59쌍의 친화수를 찾기도 했다. 그러나 이들 유명한 수학자들도 두 번째로 작은 친화수를 놓쳤다. 1866년에는 이탈리아의 수학자 니콜로 파가니니^{Nicolo Paganini}가 당시 열여섯의 어린 나이에 다른 수학자들이 놓친 친화수 1184와 1210을 찾아냈다.

지금까지 컴퓨터를 이용하여 1200만 쌍의 친화수를 찾았는데, 모두 둘 다 짝수이거나 홀수로 이루어져 있으며, 1보다 큰 공약수를 적어도 한 개 이상 갖는 것으로 알려져 있다.

230

결정학적 공간군

    건축에서 프리즈^{frieze}는 건물 윗부분에 가늘고 긴 띠 모양의 조각 장식을 하거나 또는 그림이나 천 조각을 반복 배치하여 생긴 무늬로 윗부분을 장식한 것을 말한다. 수학에서도 선을 따라 반복되는 패턴이라는 유사한 의미를 가지고 있다. 이와 같이 1차원적인 띠를 따라 반복되는 패턴을 만들 때 이용할 수 있는 서로 다른 무늬(32쪽 참조)를 떠올려 보자. 무늬를 변형하지 않고 반복되는 패턴을 만들 때 적용할 수 있는 서로 다른 변환의 수는 몇 가지일까? 정답은 일곱 가지다.

    차원을 한 개 늘려 흔히 벽지에서 찾아볼 수 있는 도안들과 유사한 2차원적 반복 무늬를 만들어보는 것은 어떨까? 이 경우에 도안을 바꾸지 않고 독특하게 변환시킬 수 있는 방법의 수는 17가지다. 수학자들은 그것을 '평면의 결정군'이라고 부른다. 수 세기에 걸쳐 알려졌지만 1891년에 이르러서야 수학자들은 정확히 17가지가 있다는 것을 증명했다. 하지만 그 방법의 수가 17가지 외에 더 이상 존재하지 않는 이유에 대해서는 아직까지 설명하지 못하고 있다.

    물론 2차원까지만 생각할 필요는 없다. 정육면체의 겉면에서 모서리를 따라 만들거나, 정사각형을 가로지르지 않으면서 반복되는 무늬를 생각해보자. 같은 것으로 보이는 무늬를 제외하면 모두 230가지의 변환이 있다. 이 230가지는 수학자 에그래프 스테파노비치 표도로프$^{Evgraf\ Stepanovich\ Fyodorov}$와 아르투어 모리츠 쉰플리스$^{Arthur\ Moritz\ Schoenflies}$가 각각 발견한 것들을 1892년에 모아 정리한 것이다.

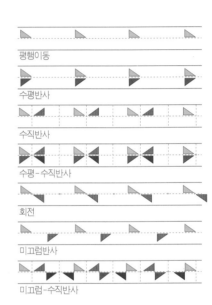

평행이동

수평반사

수직반사

수평-수직반사

회전

미끄럼반사

미끄럼-수직반사

▼ 2차원 패턴을 만들 때 변환을 시켜도 그 모양이 바뀌지 않도록 하는 17가지 서로 다른 방법 중 하나인 $p4mm$ 패턴을 사용하여 구성한 벽지.

300

유클리드 호제법이 만들어진 해

여기서는 유클리드의 위대한 수학책 《기하학원론》(37쪽 참조)의 중요성을 설명하기 위한 여러 가지 예들을 다룰 것이다. 기원전 300년경에 공개되어 유클리드의 호제법으로 알려진 이 계산법은 두 수의 최대공약수를 구하는 방법이다. 최대공약수는 두 수를 동시에 나눌 수 있는 공약수 중 가장 큰 수를 말한다.

예를 들어 두 수 513과 873의 최대공약수를 구해보기로 하자.

① 먼저 두 수 중 작은 수로 큰 수를 나눈 다음, 나머지를 구한다. 두 수 513과 873에 대하여, 873을 513으로 나누면 몫이 1이고 나머지는 324다. 유클리드 호제법은 나머지를 이용하여 계산하기 때문에, 여기서 잠시 새로운 표기법에 대해 소개한다.

수학자들은 위의 나눗셈에 대해 '837 mod 513=324'와 같이 나타낸다. mod는 'modulo'를 나타낸 것이며, 모듈러 연산이라는 수학 분야에서 사용하는 한 형식이다. 같은 방법으로 유클리드 호제법을 계속 진행해보자. 나머지가 0이 될 때까지 바로 윗단계에서의 계산 결과 새롭게 얻은 나머지로 윗단계의 제수를 나눈다.

오른쪽 박스의 계산 결과 나머지가 0이 될 때, 그 마지막 단계의 제수가 바로 두 수의 최대공약수다. 여기서는 27이 바로 최대공약수다.

$$837 \bmod 513 = 324$$
$$513 \bmod 324 = 189$$
$$324 \bmod 189 = 135$$
$$189 \bmod 135 = 54$$
$$135 \bmod 54 = 27$$
$$54 \bmod 27 = 0$$

355

1935권의 책에서 찾아낸 수학자들이
범한 오류의 수

모든 사람이 언제나 정확할 수는 없다. 수학자들 역시 때로 오류를 범할 수도 있다. 1935년 벨기에의 수학자이자 화학자인 모리스 르카[Maurice Lecat]는 《Erreurs de Mathématiciens des origines à nos jours》에서 355명의 수학자들이 범한 1900가지의 오류를 자세히 서술했다. 그중에는 역대 가장 위대한 수학자로 인정받은 이들도 있었다. 자비로 편찬한 이 책은 수학자들의 흠을 잡아내는 데 무려 130쪽이 소요되었다.

예를 들어 피에르 드 페르마는 자신이 언제든 소수를 얻을 수 있는 식을 발견했다고 생각했다. 그런데 르카의 책 96쪽에는 641의 경우 페르마가 틀렸다는 것을 보여주었다. 오일러 또한 오류를 범했다. 르카에 따르면, 오일러는 1,000,009가 소수일 것이라고 생각했지만, 사실 이 수는 293과 3413으로 나누어떨어진다. 86쪽에서 다룬 내용에 따르면, 오일러는 64쌍의 친화수(86쪽 참조)를 발표했지만, 그중 두 쌍은 친화수가 아니다. 이 밖에도 르카의 책은 아벨, 데카르트, 가우스, 라이프니츠, 뉴턴, 푸앵카레 등 많은 수학자들이 범한 실수에 대해서도 다루고 있다.

현대에는 수학적 증명에 컴퓨터를 사용하게 되면서 오류를 확인하고 처리하는 일이 훨씬 어려워졌다. 영국의 수학자 앤드루 와일즈의 '페르마의 마지막 정리'의 증명은 르카의 책보다 150쪽 이상이나 더 많다. 1993년 증명이 발표된 뒤 발견된 오류를 수정하기 이해 무려 1년 이상의 시간이 더 소요되었다.

360

원의 각도

원을 100개 혹은 1000개의 조각으로 나누어 생각하지 않는 것은 왜일까? 대대로 원을 360°로 여기게 된 이유는 아직도 확실치 않다. 바빌로니아인들이 60진법을 선호했기 때문이라고 말하는 이들이 있는가 하면(63쪽 참조), 지구가 태양의 둘레를 도는 데 365일 걸리는 것과 관련이 있다고 주장하는 이들도 있다. 태양은 하루가 경과할 때마다 대략 1도씩 하늘을 가로질러 이동한다. 어쩌면 바빌로니아인들은 365에 비해 360이 보다 작은 조각들로 훨씬 쉽게 나누어지기 때문에 360을 선택했을 수도 있다. 실제로 365는 5나 73으로만 나누어떨어지는 반면, 360은 7을 제외한 1에서 10까지의 수(1, 2, 3, 4, 5, 6, 8, 9, 10)를 포함해 총 22개의 수로 나누어떨어진다.

각의 크기는 보다 더 작은 조각들로 세분할 수 있다. 1도의 $\frac{1}{60}$을 1분, 1분의 $\frac{1}{60}$을 1초로 정의하여 각의 크기를 나타낼 수 있다. 그러나 수학자들은 각도보다는 라디안을 더 많이 사용한다. 1라디안은 원에서 호의 길이가 반지름의 길이와 같은 부채꼴을 그릴 때 그 중심각의 크기에 해당하는 각도를 말한다. 1라디안은 약 57.3°에 해당한다. 이때 180°는 1라디안의 약 3.14배 정도가 되어 180°를 π라디안이라 한다. 따라서 원의 각도는 2π라디안이 되며, 원의 둘레의 길이는 $2\pi r$이 됨을 알 수 있다.

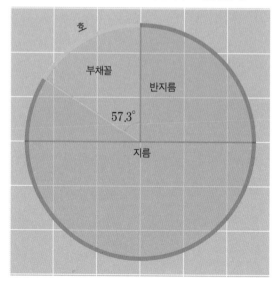

▼ 라디안은 부채꼴의 호의 길이가 원의 반지름의 길이와 같을 때, 그 중심각의 크기를 말한다.

399

가장 작은 뤼카-카마이클 수

수학자 에두아르 뤼카$^{\text{Édouard Lucas, 1842~1891}}$와 로버트 카마이클^{Robert} ^{Carmichael}의 이름을 따서 붙인 뤼카-카마이클 수는 약수를 구하는 것과 관련이 있다. 이 수를 카마이클 수와 혼동해서는 안 된다.

어떤 수의 약수 중 소수인 약수 각각에 1을 더한 값이 처음 수에 1을 더한 수의 약수가 될 때, 처음 수를 뤼카-카마이클 수라고 한다. 가장 작은 뤼카-카마이클 수는 399다. 399의 약수 중 소수인 것은 3, 7, 19이고, 이들 각 수에 1을 더한 값 4, 8, 20이 400(=399+1)의 약수이기 때문이다. 그다음에 이어지는 뤼카-카마이클 수는 935와 2015다.

에두아르 뤼카

프랑스의 아미앵에서 태어난 프랑수아 에두아르 뤼카는 피보나치수열 연구로 많이 알려져 있다. 그는 소수에 매료되어 열다섯 살 때 $2^{127}-1$이 소수임을 증명하기 시작하여, 열아홉살 때 증명에 성공했다.

뤼카가 인기 있는 하노이 탑 퍼즐을 발명했다고 보는 이들도 있다.

그는 1891년 마흔아홉 살이 되었을 때 연회에 참석했다가 종업원의 실수로 깨진 접시조각에 뺨에 상처를 입고 며칠 후 패혈증이 생겨 사망한 것으로 의심된다.

500년경

인도-아라비아 수체계의 발명

오늘날 우리 대부분이 사용하는 십의 자리 수체계(0, 1, 2, 3, 4, 5, 6, 7, 8, 9)는 기원전 500년경 인도에서 발명되었다. 인도를 여행하던 아랍 상인들이 이 수체계를 서양에 전파하였으며, 수학자이자 천문학자인 알콰리즈미[Al-Khwarizmi, 780~850]가 대중화시켰다. 뒤에 북아프리카에서 이 수체계를 접한 피보나치(18쪽 참조)가 유럽에 전파했지만 유럽에서 실제로 이 수체계를 사용하기 시작한 것으로 여겨지는 사람은 독일인 아담 리즈[Adam Ries]였다. 1522년 그는 저서 《Rechnung auff der Linihen und Federn》에서, 상인과 기능공의 수습생들에게 인도-아라비아 숫자로 계산하는 법을 가르치기 시작했다.

위치기수법의 등장

리즈가 책에 기술한 수체계는 어떤 값을 나타내기 위해 사용하는 '위치기수법[position notation]'을 따르고 있다. 수에 포함된 각 숫자는 위치에 따라 그 숫자의 크기가 정해진다. 이를테면 100의 자리, 10의 자리, 1의 자리 등이 있다. 이 수체계는 0이라는 숫자의 도입으로 인해 가능해진 획기적인 것이었다. 쉽고 빠르게 계산할 수 있는 이 위치기수법은 이전부터 사용되고 있던 '기호기수법[sign value notation]'을 대신하여 서서히 자리 잡아갔다. 예를 들어 로마 숫자와 같은 기호기수법에서는 여러 개의 기호로 된 수를 읽기 위해서는 그 기호들이 나타내는 값들을 합산해야 한다. 가령 83은 로마숫자로 LXXXIII과 같이 나타낸다. 이때 기호 L은 50을 나타내고, 기호 X가 10, 기호 I이 1을 나타내므로,

LXXXIII은 50＋30＋3＝83이 된다.

0에서 9까지의 숫자들을 나타내는 이들 기호는 인도인들이 처음 사용했던 것으로 브라흐미 숫자에서 유래한 것이다. 숫자들의 모양이 숫자를 그릴 때 필요한 각도의 수를 바탕으로 하고 있다고 주장하는 이들도 있지만 이를 뒷받침하는 어떤 증거도 없다.

인도-아라비아 수체계가 도입된 후 몇 세기 동안, 주판을 선호하는 사람들과 위치기수법을 토대로 계산하는 사람들 사이에 많은 의견 충돌이 있었다.

알콰리즈미

이슬람의 수학자인 무하마드 이븐 무사 알콰리즈미^{Muhammad ibn-Musa al Khwarizmi}가 태어난 장소에 대해서는 정확히 알려진 바가 없다. 바그다드에서 태어났다는 사람들이 있는가 하면, 오늘날의 우즈베키스탄에서 태어났다고 믿는 사람들도 있다. 하지만 그가 서양 수학에 영향을 미쳤다는 것만은 확실하다.

825년경, 알콰리즈미는 《인도 숫자를 이용한 계산법^{On the Calculation with Hindu Numerals}》을 저술했다. 이 책은 중동 전역에 인도-아라비아 수체계를 전파시키는 역할을 했다. 후에 《Algoritmi de numero Indorum》 혹은 《Al khwarizmi on the numbers of the indians》이라는 제목을 달고 라틴어로 번역되었으며 라틴어로 번역된 그의 이름에서 '알고리즘^{algorithm}'이라는 단어가 만들어졌다. 이보다 먼저 저술한 책《The Compendious Book on Calculation by Completion and Balancing》도 나중에 《Algebrae et Almucabola》라는 제목을 달고 라틴어로 번역되면서 '대수학^{Algebra}'라는 단어가 파생되었다. 그는 또한 삼각법뿐만 아니라, 일차방정식과 이차방정식에 대한 연구에도 영향을 미쳤다.

561

가장 작은 카마이클 수

수학자들은 특히 소수를 선호하여 소수를 판별하는 다양한 방법을 발명해왔다. 그런 판별법 중 하나인 '페르마의 소정리'는 1640년 프랑스의 수학자 피에르 드 페르마$^{Pierre\ de\ Fermat}$가 고안한 것이다.

이 정리는 a가 수이고, p가 소수일 때 $a^p - a$가 p로 나누어떨어질 수 있다는 것을 말한다. 단, a는 1과 p 사이의 임의의 수이어야 한다.

예를 들어 3이 소수일 때 $1^3 - 1 = 0$이므로 3으로 나누어떨어진다. 이 때 0은 임의의 정수에 의해 나누어떨어진다. 또 $2^3 - 2 = 6$, $3^3 - 3 = 24$ 이므로 3으로 나누어떨어진다. 따라서 3은 페르마의 소수 판별법에 대하여 성립함을 알 수 있다. 그러나 이 판별법을 만족하는 수들 중에는 실제로는 소수가 아닌 수들이 있다. 이 수를 카마이클 수라고 한다. 미국의 수학자 로버트 카마이클$^{Robert\ Carmichael}$의 이름을 따서 붙인 것으로, 카마이클 수 중 가장 작은 수는 561이다. $p = 561$을 페르마의 소정리의 식에 대입하면, 1에서 561 사이의 어떤 수 a에 대해서도 페르마의 소정리가 성립한다. 그러나 561은 3과 11, 17로 나누어떨어지는 수이기 때문에 소수가 아니다. 이와 같이 소수가 아님에도 페르마의 소정리를 만족시키는 수들이 존재함에 따라, 수학자들은 현재 AKS 소수 판별법이라는 새로운 판별법을 사용하고 있다. 소수를 결정함에 있어 100%의 정확도를 자랑하는 이 판별법은 2002년 인도 컴퓨터 과학자인 마닌드라 아그라왈$^{Manindra\ Agrawal}$과 니라지 카얄$^{Neeraj\ Kayal}$, 니틴 삭세나$^{Nitin\ Saxena}$가 공동으로 출판한 논문에서 처음 발표되었다.

563

현재까지 알려진 가장 큰 윌슨 소수

어떤 수가 소수인지를 판별하기 위한 비교적 간단한 또 다른 방법이 있다. 이것은 4!과 같이 감탄사 기호를 표기하는 '팩토리얼(계승)'이라는 수학적 연산과 관련이 있다. 이 연산은 그 수에서 시작하여 점점 1씩 작아지는 수들을 1까지 곱하여 계산한다. 즉 $4!=4 \times 3 \times 2 \times 1=24$다.

그 방법은 바로 어떤 수 p에 대하여 $(p-1)!+1$이 p로 나누어떨어질 때 p는 소수라는 것이다. 예를 들어 $p=5$에 대하여 $4!+1=24+1=25$가 5로 나누어떨어지므로 5는 소수다. 모든 소수에 대해서는 만족하지만 소수가 아닌 수에 대해서는 만족하지 않는다는 이러한 명제는 18세기 영국의 수학자인 존 윌슨^{John Wilson}의 이름을 따 윌슨의 정리로 알려져 있다.

윌슨 소수는 이 판별법을 2회 적용했을 때 만족하는 임의의 소수를 말한다. 위의 예에서 $p=5$에 대하여 $(5-1)!+1$은 25가 되고, 이 값을 5로 나누면 5가 된다. 그러나 5를 다시 5로 나누면 1이 된다. 이것은 5가 가장 작은 윌슨 소수임을 의미한다. 또 다른 윌슨 소수로는 13과 563이 있는데, 윌슨 소수는 모두 세 개뿐이다. 윌슨 소수가 더 많이 있을 것이라 생각될 수도 있지만, 20조까지의 모든 수를 확인했음에도 불구하고 더 이상 발견되지 않았다.

▲ 수학에서 느낌표는 팩토리얼을 나타내는 기호이다. 어떤 수 뒤에 팩토리얼 기호를 붙이게 되면, 그것은 그 수보다 작은 양수를 모두 곱한 것을 의미한다.

641

페르마 추측을 깨뜨린 수

프랑스의 수학자 피에르 드 페르마$^{\text{Pierre de Fermat, 1601~1665}}$는 생애 내내 소수에 큰 관심을 기울였다. 그리고 오늘날 페르마 수로 알려진 새로운 유형의 수를 정의했다.

페르마 수는 $F_n = 2^{2^n} + 1$ 꼴의 수로 이때 n은 음이 아닌 정수다. 처음 네 개의 페르마 수는 n에 0, 1, 2, 3을 대입한 것으로 3, 5, 17, 257이며 이들 모두 소수다. 페르마는 이들 페르마 수가 모두 소수일 것이라 추측하고, 소수를 생성해내는 새로운 방법으로 제안했다. 이 방법으로 만든 소수들을 페르마 소수라고 한다. 그러나 이 제안은 문제가 있었다. 페르마의 추측이 틀렸음을 보여주는 예가 밝혀졌기 때문이다. 여섯 번째 페르마 수인 $F_5 = 2^{2^5} + 1 = 2^{32} + 1 = 4,294,967,297$이 그 주인공이다. 1732년 스위스의 수학자 레온하르트 오일러는 이 수가 641로 나누어떨어지므로 소수가 아니라는 것을 입증했다. 현재까지 알려진 페르마 소수는 F_0, F_1, $\cdots F_4$뿐이다.

▲ 프랑스 수학자 피에르 드 페르마는 소수 생성법을 제안했지만 항상 맞는 것은 아니었다.

오늘날의 수학자들은 컴퓨터를 사용하여 $5 \leq n \leq 32$인 F_n이 합성수라는 것을 증명했다. 2014년 7월, 도저히 믿기 어려운 거대 페르마 수 $F_{3329780}$이 소수 $193 \times 2^{3329782} + 1$로 나누어떨어지는 합성수임이 증명되었다. 이 소수는 100만 자리 이상의 수로 매우 커서 메가소수라고도 불린다. 참고로 타이태닉 소수는 최소 1000자리의 소수를 가리키며, 거대^{Gigantic} 소수는 최소 1만 자리의 소수를 가리킨다.

1001

7의 배수, 11의 배수, 13의 배수 판정법

수 1001은 세 개의 소인수 7, 11, 13을 가지고 있다. 1001은 1000+1로, 이 사실을 이용하면 다른 수들이 7의 배수, 11의 배수, 13의 배수인지를 쉽게 판별할 수 있다. 다소 작은 어떤 수가 7의 배수, 11의 배수, 13의 배수인지를 알아보는 것은 그리 어렵지 않다. 각 수에 대한 기본 배수를 알고 있으면, 14, 42, 84와 같은 수들은 모두 7의 배수임을 곧바로 알아챌 것이다. 그렇다면 3,326,505라면 어떨까? 계산기 없이는 힘들 것처럼 보인다. 하지만 실제로는 간단하다.

먼저 판별하고자 하는 수에 대하여, ① 오른쪽부터 숫자를 세 개씩 묶어 분류한 다음, ② 홀수 번째 묶음의 수들을 더한다. 수 3,326,505은 3 326 505와 같이 분류하고, 홀수 번째 묶음인 3과 505를 더하면 3+505=508이 된다. 이번에는 ③ 짝수 번째 묶음의 수들을 더하면 짝수 묶음의 수는 326뿐이므로 그 값은 326이다.

④ 이제 ②의 값에서 ③의 값을 뺀다. 508−326=182가 된다. 만일 ④의 값이 7 또는 11, 13으로 정확히 나누어떨어지면, 처음 수 또한 나누어떨어진다. 이에 따라 3,326,505는 7과 13으로 나누어떨어지지만 11로는 나누어떨어지지 않는다는 것을 확인할 수 있다. 그것은 $\frac{182}{7}=26$, $\frac{182}{13}=14$이지만, $\frac{182}{11}=16.5454\cdots$이기 때문이다. 즉 3,326,505는 7의 배수 또는 13의 배수이지만, 11의 배수는 아니다. 위의 배수 판정법의 근거는 오른쪽 상자와 같다.

이때 $3\times1001^2-2\times3\times1011+326\times1001$은 7 혹은 13으로 나누어떨어지므로, 182가 7 혹은 13으로 나누어떨어지면 3,326,505가 7의 배수 또는 13의 배수가 됨을 알 수 있다.

$$3,326,505$$
$$=3\times1000^2+326\times100+505$$
$$=3\times(1001-1)^2+326\times$$
$$(1001-1)+505$$
$$=3\times1001^2-2\times3\times1001+3+$$
$$326\times1001-326+505$$
$$=3\times1001^2-2\times3\times1001+$$
$$326\times1001+3-326+505$$
$$=3\times1001^2-2\times3\times1001+$$
$$326\times1001+182$$

1,225

전 세계인의 평균 월수입(달러)

우리는 평소 "그녀는 평균 나이보다 더 들어 보인다", "그것은 평균 이하의 성과였다" 등 평균과 관련된 이야기를 많이 하거나 듣는다. 평균은 한 집단과 다른 집단을 비교할 때 가장 유용하다. 전 세계 모든 사람의 월급을 예로 들어보자. 이때 중간 소득이 어디쯤인지 어떻게 짐작할 수 있을까? 통계학자들의 언어를 사용하자면, '중심 집중 경향 값'을 어떻게 구할까?

이를 위해 평균을 계산하는 방법이 하나만 있는 것은 아니다. 세 가지 방법이 있으며, 각각 장점과 단점을 가지고 있다.

평균 Mean

어쩌면 여러분에게 가장 친숙한 방법일 것이다. 주어진 변량들을 모두 더한 후, 변량의 총 개수로 나누어 구한다.

피보나치수열에서 처음 열 개 항의 값들을 예로 들어보자(18쪽 참조). 이때 자료는 1, 1, 2, 3, 5, 8, 13, 21, 34, 55다. 따라서 평균을 계산하면 $\frac{(1 + 1 + 2 + 3 + 5 + 8 + 13 + 21 + 34 + 55)}{10} = 14.3$이다. 이 자료에 89를 추가하면 평균은 21.1로 커진다. 이와 같이 자료의 변량 중에 매우 큰 값이 있을 경우, 평균은 상당히 커진다. 즉 평균은 자료에 매우 큰 변량이나 매우 작은 변량이 있으면 그 값의 영향을 많이 받는다.

중앙값 Median

매우 큰 변량이나 작은 변량에 대해 크게 영향을 받지 않으면서 중앙에 위치한 값을 알아내는 한 가지 방법은 중앙값을 사용하는 것이다. 문자 그대로 중앙값은 중앙에 위치한 값이다. 중앙값을 찾기 위해서는 각 변량을 크기 순으로 나열하여 중앙에 위치한 값을 찾으면 된다. 피보나치수열의 처음 열 개의 수는 다행히 이미 크기 순으로 되어 있다. 하지만 변량의 개수가 짝수이므로 중앙값은 다섯 번째와 여섯 번째 값 사이의 중간 값이다. 피보나치수열의 예에서 중앙값은 5와 8 사이의 중간 값인 6.5다. 이 값은 같은 자료에 대하여 구한 평균의 절반보다 작다.

만일 이 자료에 다시 89를 추가하면 변량의 개수가 열한 개로 홀수이므로 새로운 중앙값은 여섯 번째 값인 8로 소폭 증가할 뿐이다. 이것은 또 하나의 변량을 추가했음에도 10개의 변량으로 구한 평균보다 작다는 것을 의미한다.

따라서 전 세계 월수입의 중앙값은 1225달러이다. 만일 이것을 평균으로 계산하면, 백만장자와 억만장자의 매우 높은 월수입으로 인해 평균이 불균형을 이루며 더 높은 값으로 왜곡될 것이고, 평균 재산에 대해서도 잘못된 정보를 제공하게 될 것이다.

최빈값^{Mode}

이것은 변량 중에서 가장 많이 나타나는 값을 말한다. 피보나치수열에서 처음 열 개 항의 값에 대하여 최빈값은 1이다. 1만 두 번 나타났기 때문이다. 그러나 이것은 중심 집중 경향 값으로 최빈값을 사용하지 않는 가장 좋은 예이기도 하다. 1은 이 자료의 시작 부분에서 바로 나타나기 때문이다. 이 수가 가장 자주 나타나는 값일지라도, 1을 중앙의 값으로 나타내는 것은 오해의 소지가 다분하다.

때때로 평균, 중앙값, 최빈값에 대해 이야기할 때 '범위^{range}'가 나타나는 것을 볼 수 있다. 범위는 자료에서 변량의 최댓값에서 최솟값을 뺀 값을 말한다.

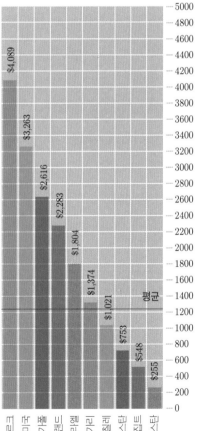

▼ 선정된 국가들의 평균 월급. 그림 중간에 그어진 선은 전세계 월급의 중앙값으로 그 값이 1,225달러라는 것을 보여주고 있다.

1,260

가장 작은 뱀파이어 수

1994년 미국의 컴퓨터 과학자 클리퍼드 피코버[Clifford Pickover]는 새로운 유형의 수를 정의했다. 그는 이 수가 교묘하게 숨겨져 있어 잘 보이지 않는 탓에 '뱀파이어' 수라는 명칭을 붙였다. 지금부터 뱀파이어 수가 어떤 수인지 알아보기로 하자. 어떤 짝수 자리의 수(여기서는 네 자리의 수)에 대하여 순서에 상관없이 숫자 두 개씩 선택하여 두 자리의 수를 만든다. 이 두 자리의 수들을 '송곳니[fangs]'라고 한다. 만일 두 개의 송곳니를 곱한 결과가 처음 수가 될 때, 이 수를 뱀파이어 수라 한다. 이런 조건을 만족하는 가장 작은 수는 1,260이다. 21과 60을 두 개의 송곳니로 할 때 $21 \times 60 = 1,260$이 된다. 다른 네 자리의 뱀파이어 수는 $1,395(15 \times 93)$, $1,435(35 \times 41)$, $1,530(30 \times 51)$, $1,827(21 \times 87)$, $2,187(27 \times 81)$, $6,880(80 \times 86)$으로 여섯 개가 있다.

길이가 보다 긴 뱀파이어 수는 여러 개의 송곳니를 가질 수 있다. 이를테면 뱀파이어 수 125,460은 246×510, 204×615와 같이 나타낼 수 있다. 만일 송곳니가 모두 소수인 뱀파이어 수라면 그 수 자신도 '소수' 뱀파이어 수가 된다. 124,483의 경우, 두 개의 소수인 송곳니의 곱 281×443으로 나타낼 수 있다.

친화수와 마찬가지로(86쪽 참조), 이런 수들의 수학적 가치는 매우 제한되어 있다. 그러나 대부분의 레크리에이셔널 수들(재미로 다루는 수들)과 마찬가지로, 컴퓨터 프로그래밍을 가르치기 위한 도구로 사용될 수 있다. 피코버가 뱀파이어 수를 고안했던 원래의 의도 또한 학생들이 뱀파이어 수 목록을 찾기 위한 코드를 작성해보도록 하는 데 있었다.

1,296

야찌가 될 확률에 관한 수

'야찌^{Yahtzee}'는 1940년대 미국에서 처음으로 공개된 주사위 게임이다. 참가자들은 다섯 개의 주사위를 굴려서 나온 눈으로 여러 가지 조합을 만들고, 만든 조합에 따라 점수를 획득한다. 나오기 힘든 조합일수록 더 많은 점수를 획득한다. 자신의 순서에서 획득할 수 있는 최대 점수는 50점으로, 이 점수는 다섯 개의 주사위가 모두 같은 수일 때 획득할 수 있다. 그런 조합을 '야찌'라고 하며, 다섯 개의 주사위를 한 번 굴려서 한 번에 모두 같은 수가 나올 확률은 $\frac{1}{1296}$ 이다.

이 확률을 계산하려면 여러 사건들에 대하여 확률을 계산하는 방법(곱셈 정리와 덧셈 정리)을 살펴보아야 한다. 사건 A와 사건 B가 동시에 일어날 확률은 각 사건이 일어날 확률을 곱하면 된다. 반면 사건 A 또는 사건 B가 일어날 확률은 두 사건이 일어날 확률을 더하면 된다.

야찌가 되기 위해 다섯 개의 주사위를 던졌을 때 첫 번째 주사위의 눈은 무엇이 나오든 상관없다. 단지 나머지 네 개의 주사위 눈이 첫 번째 주사위와 일치해야 한다. 첫 번째 주사위를 굴려서 나온 눈이 6이라고 하자. 두 번째 주사위를 굴려 6이 나올 확률은 $\frac{1}{6}$ 이다. 세 번째, 네 번째, 다섯 번째 주사위 모두 6의 눈이 나올 확률은 각각 $\frac{1}{6}$ 이다. 따라서 다섯 개의 주사위 눈이 6이 되어 야찌가 될 확률은 $\frac{1}{6} \times \frac{1}{6} \times \frac{1}{6} \times \frac{1}{6} = \frac{1}{1296}$ 이다.

▼ 야찌는 다섯 개의 주사위를 굴려 최대 포인트를 획득하는 게임이다. 각각 굴려 확률적으로 어려운 조합이 큰 점수를 얻게 된다.

1,572

라파엘 봄벨리, 처음으로 복소수의
곱셈 규칙을 규정하다

　이 책에 있는 100개의 수 중 수학자들은 한 개를 제외한 모든 수가 '실수'인 경우를 다루고 있다. 실수가 아닌 것은 바로 마지막에 다루는 무한대(∞)다. 그렇다고 이 책에서 선정하지 않은 모든 수가 '실수'라는 것은 아니다. 수학자들은 '허수'를 다루기도 한다.

　허수에 대해 알아보기 위해서는 제곱수를 먼저 생각해야 한다. 한 실수를 제곱하면 항상 양수의 값이 된다. 또는 0을 제곱하면 0이 된다. 예를 들어 $4^2 = 16$이지만, $(-4)^2$ 또한 16이다. 심지어 음수를 제곱해도 그 값은 양수다. 따라서 16의 두 제곱근은 4와 -4다.

　어떤 수를 제곱해서 음수가 되는 수가 있다면 어떨까? 즉 $\sqrt{-16}$을 계산할 수 있을까? 수학자들은 허수를 도입하여 이와 같은 계산을 할 수 있었다. $\sqrt{-1}$을 1 허수단위 i와 같은 것으로 여기고 $\sqrt{-16}$을 $4i$와 같이 나타내기도 한다. 전기공학에서는 전류를 나타내는 i와 헷갈리지 않도록 j를 사용하기도 한다.

　이는 허수끼리 곱할 때 더 큰 힘을 발휘한다. $\sqrt{-16} \times \sqrt{-9}$는 계산할 수 없는 것처럼 보일 수도 있다. 그러나 허수를 사용하면 쉽게 계산할 수 있다. 먼저 $\sqrt{-16} \times \sqrt{-9} = 4i \times 3i = 12i^2$으로 나타낸다. i의 정의에 따라 $i^2 = -1$이므로 계산할 수 있다. 따라서 $\sqrt{-16} \times \sqrt{-9}$는 -12와 같으며 그 값이 실수임을 알 수 있다.

　수학자들은 실수와 허수를 결합하여 '복소수'를 만들었다. 복소수는 임의의 실수 a, b에 대하여 $a + bi$의 꼴로 나타내며 a를 '실수 부분', b를 '허수 부분'이라고 한다. 이탈리아의 수학자 라파엘 봄벨리[Rafael

Bombelli, 1526~1527는 《대수^{LAlgebra}》에서 복소수의 곱셈 규칙에 관하여

Bombelli, 1526~1527는 《대수^{LAlgebra}》에서 복소수의 곱셈 규칙에 관하여
처음 기술했으며, 책이 편찬된 해에 세상을 떠났다.

두 복소수 $a+bi$, $c+di$에 대하여, 이 두 복소수를 곱하기 위해서는
먼저 분배법칙을 통해 첫 번째 복소수의 각 항과 두 번째 복소수의 각
항을 각각 곱한다.

따라서 $(a+bi)(c+di)=ac+adi+bci+bdi^2$이다. 이때 $i^2=-1$이
므로 간단히 $ac+adi+bci+bd$가 된다. 이번에는 두 복소수 $2+3i$,
$3+2i$에 대하여 곱셈을 해보자. $(2+3i)(3+2i)$를 계산하면
$(2\times3)+(2\times2)i+(3\times3)i-(3\times2)=4i+9i=13i$
가 된다(실수 부분은 상쇄되어 없어진다).

오늘날 복소수를 다룰 수 있게 된 것
은 봄벨리의 연구 덕분이다. 그때까
지는 어느 누구도 허수를 실제적
으로 사용할 수 있을 것이라고
믿지 않았다. 'imaginary'라
는 용어는 원래 'insult'로 만
들어졌었다.

오늘날 복소수는 물리학자,
공학자, 컴퓨터 프로그래머들
에게 꼭 필요한 수이기도 하다.

▼ 두 일차식의 곱을 분배법칙을
이용하여 계산한 예. 이 방법은 복
소수의 곱셈에서도 활용된다.

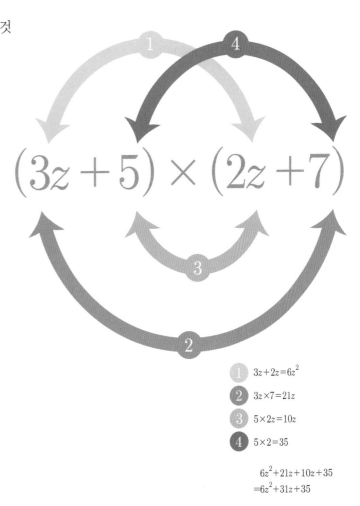

$(3z+5) \times (2z+7)$

1 $3z+2z=6z^2$

2 $3z\times7=21z$

3 $5\times2z=10z$

4 $5\times2=35$

$6z^2+21z+10z+35$
$=6z^2+31z+35$

1614

존 네이피어, 로그를 처음으로 논의하다

수학에는 역연산이 많으며 종종 서로 방향을 바꾸어 계산한다. 예를 들어 어떤 수에 2를 더한 다음 2를 빼면 처음 수가 된다. 마찬가지로 어떤 수에 2를 곱한 다음 2로 나누면 다시 처음 수가 된다.

그러나 어떤 수를 거듭제곱하면 어떻게 될까? 처음 수로 되돌아가기 위해서는 어떻게 해야 할까? 이때 이 지수에 대한 역연산을 로그라고 하며, 1614년 스크틀랜드의 수학자 존 네이피어[John Napier, 1550~1617]에 의해 처음으로 폭넓게 논의되었다.

방정식 $10^x = 1000$에 대하여 지수 x의 값을 알아보자. 달리 말하면, 1000을 얻기 위해서는 10을 몇 제곱해야 하는지에 대해 알아보자. 이를 위해 먼저 양변에 로그를 취하면, 좌변은 지수만 남게 되어 $x = \log 1000$이 된다. 대부분의 계산기에는 log 버튼이 있으므로, 계산기를 이용하거나 로그표를 이용하면 x의 값이 3이라는 것을 알 수 있다. 즉 1000을 얻기 위해서는 10을 세 번 거듭하여 곱하면 된다.

그러나 계산기의 log 버튼은 밑이 10인 로그에 대해서만 계산한다(43쪽 참조). 따라서 사용하는 로그의 밑을 항상 명시해야 한다. 위의 경우에 $x = \log_{10} 1000$이라고 나타내야 한다. 또 $3^x = 2187$에 대하여 같은 방법으로 $x = \log_3 2187 = 7$이 된다. 이 경우, 계산기에서는 log 버튼을 사용할 수 없지만 로그표를 이용할 수는 있다.

과학과 공학에서는 종종 오일러 상수 e(22쪽 참조)의 거듭제곱을 찾아볼 수 있다. 밑이 e인 로그를 자연로그라 하고, 기호 ln을 사용하여 나타낸다. 이를테면 $e^x = 148.413$에 대하여 양변에 자연로그를 취하면 $x = \ln 148.413 = 5$가 된다.

존 네이피어

스코틀랜드 지주의 아들이었던 네이피어는 그의 아버지가 겨우 열여섯 살 때, 머치스턴 성에서 태어났다. 네이피어의 로그 발견으로 소수를 흔하게 사용할 수 있게 되었으며 네이피어는 수학 연구뿐만 아니라, 독창성으로도 매우 유명했다.

어느 날 이웃집 비둘기들이 그의 땅에 심어놓은 씨앗을 먹는 것을 보고 매우 화가 난 네이피어는 이웃집 주인에게 비둘기가 날아오지 못하게 하지 않으면 비둘기를 잡아버리겠다고 경고했다. 그러자 이웃집 주인이 잡을 수 있으면 잡아보라고 말했다.

네이피어는 완두콩을 브랜디에 흠뻑 적신 다음 땅 위에 뿌렸다. 완두콩을 먹은 비둘기들은 취했고, 네이피어는 힘들이지 않고 비둘기들을 자루에 담기 시작했다.

그는 또 도둑질하는 하인을 잡아 천재성을 드러내기도 했다. 그는 하인들에게 진실을 알아내는 특별한 능력을 가진 수탉이 있다고 말한 뒤, 하인들을 깜깜한 닭장 속에 들여보내 수탉의 등을 한 번씩 쓰다듬도록 했다. 그런데 네이피어는 하인들 몰래 미리 그 수탉의 등을 까맣게 칠해놓은 상태였다. 결국 도둑질을 한 하인은 발각되는 것을 두려워한 나머지 수탉을 만지지 않고 깨끗한 손으로 돌아와 도둑을 잡을 수 있었다.

1637

르네 데카르트가 직교좌표계에
관한 책을 출간하다

프랑스의 대박식가 르네 데카르트$^{\text{René Descartes, 1596~1650}}$는 17세기 수학에서 유의미한 방법으로 기하학과 대수학을 결합시키는 체계를 처음 생각해내 대혁신을 이끌었다. 데카르트가 생각해낸 체계는 오늘날 그를 기려 데카르트 좌표계로 알려져 있다. 그러나 좌표계에는 다른 것들도 있다.

르네 데카르트

"나는 생각한다, 고로 존재한다$^{\text{Cogito ergo sum}}$." 이것은 르네 데카르트가 한 가장 유명한 말이다. 그는 근대 철학의 아버지로 간주되고 있지만, 수학에도 매우 귀중한 공헌을 했다. 좌표계에 대한 연구뿐만 아니라 지수 표기법을 생각해낸 것으로도 인정받고 있다. 즉 x를 두 번 곱하는 것을 x^2으로 간단히 나타내는 방식을 생각해냈던 것이다. 그의 연구는 뉴턴과 라이프니츠가 미적분학 분야를 발전시키는 데 근간을 이루었다 (112쪽 참조).

데카르트는 프랑스 투렌^{Touraine}의 소도시 라에$^{\text{La Haye}}$에서 태어났다. 1967년 라에는 그의 업적을 기려 데카르트로 도시명을 바꾸었다. 1649년, 스웨덴 여왕 크리스티나의 초청을 받아 스톡홀름에 부임한 데카르트는 다음 해 2월, 폐렴으로 사망하자 스톡홀름의 고아들을 위한 묘지에 묻혔다. 1666년 프랑스로 그의 유해가 옮겨졌으며 이후 이장되었다. 1819년 그의 유해가 다시 이장되는 과정에서 손가락과 두개골이 사라졌다.

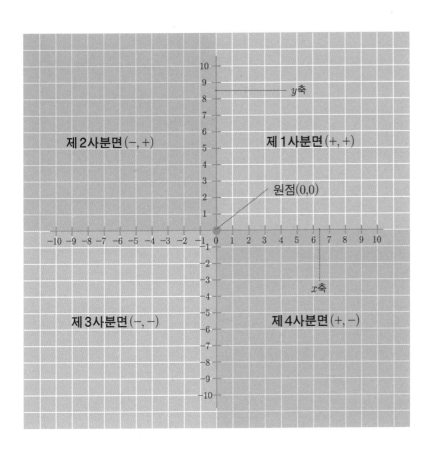

107

점의 위치를 표현하다

좌표계에서도 가장 간단한 형태인 데카르트 좌표계를 이용하면 2차원 평면의 한 정점의 위치를 나타낼 수 있다. 데카르트 좌표계에서 수평 방향의 축을 x축이라 하고, 수직 방향의 축을 y축이라 한다. 두 축이 만나는 점을 '원점'이라 하고 문자 O 로 나타낸다. 두 축은 모두 양수와 음수를 분류되며, 데카르트 평면은 오른쪽 위(양의 x의 값과 양의 y의 값을 갖는 평면)에서 시작하여 반시계 방향으로 이동하면서 제1사분면, 제2사분면, 제3사분면, 제4사분면의 네 개 사분면으로 분할된다.

2차원 평면의 한 점은 좌표 (x, y)로 나타낸다. 예를 들어 좌표 $(2, 1)$은 x축 상에서 2를 지나는 수직인 직선과 y축 상에서 1을 지나는 수평한 직선이 만나는 점을 나타낸다. 3차원 공간의 점은 z축을 추가하여 (x, y, z)와 같이 나타낸다.

이 좌표계의 매력 중 하나는 데카르트 평면에서의 직선 등의 도형을 방정식으로 나타내고 대수학에서의 일반적인 법칙을 사용하여 다룰 수 있다는 것이다. 예를 들어 방정식 $y=5$는 모든 x의 값에 대하여 $y=5$인 점들만을 지나는 직선으로 그려진다. 즉 y축 상의 5인 지점을 지나는 수평한 직선이 된다. 직선 상의 y 값은 x의 값이 증가함에 따라 달라진다. 직선 $y=2x$에 대하여 $x=0$일 때 $y=0$이고, $x=1$일

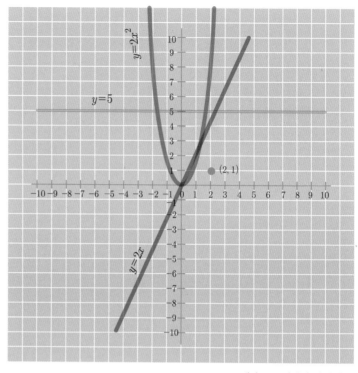

▲ 데카르트 평면에 나타낸 점, 선, 곡선의 예.

때 $y=2$, $x=2$일 때 $y=4$이다. 좌표평면에 $(0,0)$, $(1,2)$, $(2,4)$의 점을 찍고 서로 연결하면 직선 $y=2x$의 일부가 그려진다.

직선과 이차곡선의 식

보통 직선의 식은 $y=mx+c$의 꼴로 나타낸다. 이때 m, c는 상수다. 여기서 m은 직선의 기울기이고, c는 y절편이다. $y=2x$에서 기울기는 2(x의 값이 1만큼 증가할 때 y의 값이 2만큼 증가하는 것을 의미한다)이고 직선이 원점 $(0,0)$을 지나므로 y절편 c는 0이다.

직교좌표평면에 그릴 수 있는 것이 직선만은 아니다. 곡선들도 그릴 수 있다. 식에 x^2항이 들어 있을 때 이것은 이차곡선의 식이다. 가장 단순한 예로 $y=x^2$을 들 수 있다. 어떤 수가 두 개의 제곱근을 가지고 있는 것처럼, 0이 아닌 모든 y의 값에 대하여 항상 두 개의 x값이 존재한다. $y=1$일 때 x는 1 또는 -1이 될 수 있으며, $y=4$일 때 x는 2 또는 -2가 될 수 있다. 좌표평면 위에 점 $(-1,1)$, $(1,1)$, $(2,4)$, $(-2,4)$를

찍고 연결하면 '포물선'이 그려진다. 포물선은 항상 특별한 선(이 경우에는 y축)에 대하여 대칭을 이룬다.

일반적으로 포물선의 식은 $y=ax^2$의 꼴로 나타낸다. a의 값이 클수록 포물선의 폭이 점점 더 좁아지고, a의 값이 작을수록 포물선의 폭은 점점 더 넓어진다. a의 값이 음수이면 포물선이 위로 볼록한 모양이 된다.

마지막으로 원도 그릴 수 있다. 원점을 중심으로 하고 반지름의 길이가 r인 원의 방정식은 $x^2+y^2=r^2$이다. 이때 원의 반지름이 다른 두 변의 길이가 각각 x, y와 같은 직각삼각형의 빗변임을 알 수 있다. 따라서 원의 방정식이 피타고라스 정리의 관계식과 같다는 것은 그리 놀랄 일이 아니다.

극좌표계와 구면좌표계

종종 평면 위 한 점의 위치를 각으로 표현하는 것이 훨씬 간편할 때가 있다. 극좌표계는 지리학, 천문학 등의 분야에서 유용하다. 직교좌표계에서, 점은 원점에서 떨어진 수평거리와 수직거리로 표현했다. 즉 좌표계에서 원점과 같은 역할을 하는 것을 '극^{pole}'이라고 한다. 극에서 점까지의 거리를 반지름이라 하고 문자 r로 나타낸다. 각은 정해진 선(보통 직교좌표계에서 x 축의 양의 방향에 해당)과 점 사이에 만들어진 각으로 정의하며 그리스 문자 θ로 나타낸다. 따라서 직교좌표평면에서 점들은 (x, y)로 나타내는 반면, 극좌표계에서는 (r, θ)로 나타낸다.

삼각함수를 이용하여 직교좌표와 극좌표를 서로 변환시킬 수 있다(27쪽 참조). x의 값은 $r\cos\theta$와 같고, y의 값은 $r\sin\theta$와 같다. 구면좌표계는 평면 극좌표계를 3차원으로 확장시킨 것으로, 점을 (r, θ, ϕ)로 나타낸다. 이때 ϕ는 '방위각'을 말한다.

1690

곡선 아래의 영역 표현을 위해
'인티그럴' 용어를 처음 사용하다

르네 데카르트는 기하학에서 데카르트 좌표계를 도입하여 대혁신을 이끌었으며, 서로 다른 수학적 함수를 그래프로 나타낼 때 좌표계가 어떻게 이용되는지를 연구했다(106쪽 참조). 여기서는 곡선 아래 영역의 크기를 정하는 것에 대해 알아보기로 하자. 이 문제는 '미적분학'의 일부분을 차지하는 내용이기도 하다. 'calculus(미적분학)'는 '작은 조약돌'을 의미하는 그리스어에서 유래했다.

미적분을 누가 먼저 발명했는지에 대해 영국의 수학자 아이작 뉴턴 경과 독일의 수학자 고트프리트 라이프니츠는 논쟁을 벌이기도 했다.

하지만 분명한 것은 1690년 스위스 수학자 야콥 베르누이가 곡선 아래의 영역을 표현하기 위해 '인티그럴'이라는 용어를 처음 사용했다는 것이다. 엄밀히 말하면, 정해진 두 점 사이에 있는 곡선 아래의 영역을 보통 정적분이라 한다. 기호로 나타내면 다음과 같다.

$$\int_b^a f(x)\,dx$$

이 정적분의 결과는 a와 b 사이에 있으면서 x축과 곡선으로 둘러싸인 영역을 나타낸다.

예를 들어보자. $x=0$과 $x=2$ 사이에 있으면서 $f(x)=x^2-2x+2$의 그래프와 x축으로 둘러싸인 영역을 구하기 위해 다음과 같이 나타낸다.

$$\int_0^2 f(x^2-2x+2)\,dx$$

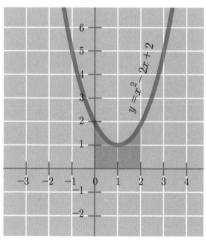

▼ 적분을 이용하여 x축과 곡선 사이의 영역을 구할 수 있다. 용어 '인티그럴'은 야콥 베르누이가 처음 만든 것이다.

$y=x^2-2x+2$

정적분을 구하기 위해서는 먼저 괄호 안의 식에 대한 부정적분 $F(x)=\dfrac{x^3}{3}-x^2+2x$를 구한 다음, 대괄호 [ ]에 적분 구간을 표시하여 다음과 같이 나타낸다.

$$\left[\dfrac{x^3}{3}-x^2+2x\right]_0^2$$

마지막으로 대괄호 안의 식에 $x=2$를 대입한 값에서 $x=0$을 대입한 값을 빼서 계산하면 된다. 즉

$$\left(\dfrac{8}{3}-4+4\right)-0=\dfrac{8}{3}$$

미분

적분은 '미분'의 역연산으로 볼 수 있으며, $f(x)$의 미분은 보통 $f'(x)$ 또는 $\dfrac{d}{dx}f(x)$와 같이 나타낸다. 예를 들어 위에서 $f(x)=x^2-2x+2$의 부정적분 $F(x)=\dfrac{x^3}{3}-x^2+2x$를 미분하면 $f(x)=x^2-2x+2$가 될 것이다.

$$F(x)=\dfrac{x^3}{3}-x^2+2x \implies F'(x)=f'(x)=x^2-2x+2$$

미분은 변화율을 다루는 분야다. 예를 들어 포물선의 각 점에서의 접선 기울기는 항상 변한다. 곡선 위의 임의의 한 점에서의 접선 기울기를 구하기 위해서는 곡선을 나타내는 함수를 미분한 다음, 그 점의 x값을 대입한다.

함수 $f(x)=x^2-2x+2$ 위의 점 $(2, 2)$에서의 접선의 기울기를 구해보자. 먼저 $f(x)=x^2-2x+2$를 미분하면 $f'(x)=2x-2$다. 이 식에 $x=2$를 대입한 값 2가 바로 접선의 기울기다.

▼ 적분의 역연산은 미분이다. 미분을 이용하면 곡선 위의 한 점에서의 접선의 방정식을 구할 수 있다.

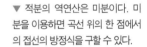

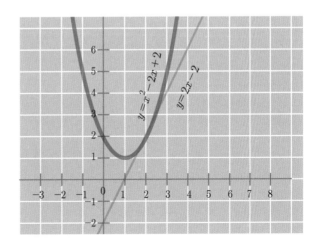

1712

뉴턴과 라이프니츠,
미적분 발명을 두고 논쟁을 벌이다

미적분은 변화에 대해 연구하며 과학, 공학, 경제학에서 널리 이용되는 가장 중요한 수학 분야 중 하나다. 그러면 그것을 발명한 사람은 누구일까? 18세기 전환기에, 영국의 수학자 아이작 뉴턴[Isaac Newton, 1642~1727]과 독일의 수학자 고트프리트 라이프니츠[Gottfried Leibniz, 1646~1716] 사이에 논쟁이 벌어졌다. 그것은 1712년 뉴턴의 동료들이 뉴턴에게 유리하도록 쓴 문서 〈서신 왕래〉가 출간되면서 논쟁이 시작되었다. 뉴턴은 1666년에 미적분을 발명했다고 주장했지만 그동안에는 그가 연구한 내용이 포함된 논문은 전혀 발표되지 않았다. 반면 라이프니츠는 1684년 미적분에 관한 첫 번째 논문을 발표했다. 그러자 1687

아이작 뉴턴 경

과학사에서 가장 유명한 이 중 하나인 아이작 뉴턴은 유복자로 그의 아버지가 죽은 지 3개월 후에 태어났다. 그는 나중에 케임브리지 대학교의 루카스 석좌 수학 교수라는 엄청난 직함을 얻었다.

뉴턴이 비난한 사람은 라이프니츠뿐만이 아니었다. 로버트 훅이 빛과 색깔에 관한 뉴턴의 논문을 비판하자 역사에서 그의 관한 내용을 빼고 기록했다. 뉴턴은 독신으로 지내며 광학과 같은 전통적 과학 주제를 연구하는 한편 종교와 연금술에도 심취해 있었다. 그는 84세의 나이로 세상을 떠났으며 런던 웨스트민스터 성당에 안장되었다.

년 뉴턴은 과학사를 바꿀 획기적인 발견들이 담긴 《프린키피아》를 출간했다. 여기에는 만유인력의 법칙과 운동의 세 가지 법칙, 미적분을 사용하여 결론을 내린 많은 것들이 들어 있었다. 뉴턴은 미적분을 '유율법'이라고 불렀다.

이후 출판된 책에서는 라이프니츠가 미적분을 처음 생각해낸 독일인으로 다루어졌고 오늘날에도 우리는 적분기호 $\int$ 등 라이프니츠가 발명한 표기법을 사용하고 있다(110쪽 참조). 그런데 뉴턴은 자신의 연구를 라이프니츠가 훔쳐 기호만 다르게 사용했다고 비난했다. 두 사람이 수학에 대한 견해를 적어 서신 왕래를 했으며, 《프린키피아》에 실린 일부 내용을 뉴턴과 친분 있는 학자들이 돌려보았는데, 그중 몇몇은 라이프니츠와도 알고 지내는 사이였다는 것이다. 그래서 라이프니츠가 뉴턴이 연구한 것을 보고 자신이 발명한 것처럼 서둘러 발표했을 수 있다는 것이었다. 뉴턴의 명성 때문에 라이프니츠는 표절자가 되었지만 오늘날 많은 역사학자들은 두 사람이 독자적으로 미적분을 발명했으며 따라서 동등하게 인정받아야 한다고 생각하고 있다.

고트프리트 라이프니츠

라이프니츠는 독일의 라이프치히에서 태어나 어린 시절(6세) 아버지가 돌아가셨다. 라이프니츠도 연금술에 관심을 갖고 몰두했으며 그의 첫 번째 직업은 뉘른베르크에 있는 연금술사협회에서 비서로 일하는 것이었다. 그는 나중에 형식논리학과 위상수학^{topology}, 물리학, 철학에 대해 연구했다.

평생 독신으로 살았던 라이프니츠는 노년에 군주의 총애를 잃고(아마도 표절자라는 부당한 비난을 받게 된 것이 그 원인으로 보임) 70세의 나이에 하노버에서 쓸쓸히 세상을 떠났다. 장례식 또한 별다른 격식을 차리지 않고 치렀다. 그의 무덤은 50여 년 이상 라이프니츠 무덤이라는 어떤 표시도 없이 방치되기도 했다.

1713

니콜라우스 베르누이, 상트페테레스부르크의 역설을 제기하다

대대로 수학자를 배출한 수학자 집안 베르누이가에서 태어난 야콥 베르누이$^{Jakob\ Bernoulli,\ 1687~1759}$는 복리계산을 연구하던 중에 오일러 상수 e를 발견했다(22쪽 참조). 오일러는 상트페테르부르크에서 야콥 베르누이의 아들 다니엘 베르누이$^{Daniel\ Bernoulli}$와 함께 수학을 연구하기도 했다. 당시 다니엘 베르누이는 사촌 니콜라우스 베르누이가 제기한 난제를 연구하고 있었다. 1713년 니콜라우스 베르누이$^{Nicholas\ Bernoulli}$가 프랑스 수학자 피에르 레몽 드 몽모르$^{Pierre\ Rémond\ de\ Montmort}$에게 보낸 서신에서 처음 썼던 이 문제는 도시의 이름을 따서 상트페테레스부르크의 역설이라 부르게 되었다.

이 문제는 간단한 게임에 관한 것이다. 참가자는 2달러를 가지고 게임을 시작한다. 동전을 던졌을 때 앞면이 나오면 참가자의 돈은 4달러로 두 배가 된다. 동전을 던졌을 때 앞면이 나오면 게임은 계속 진행되고, 참가자의 돈은 매번 두 배씩 늘어난다. 그러나 뒷면이 나오면 게임은 끝이 나고 참가자는 최종 받은 돈만 갖는다. 예를 들어 참가자가 동전을 네 번 던져 그 결과가 HHHT일 때, 참가자는 8달러의 돈을 갖는다. 참가자는 그 돈을 갖고 게임을 다시 시작할 수 있으며 원할 때까지 계속해서 게임을 할 수 있다. 단, 게임을 할 때는 무료로 할 수 없다. 카지노에 입장하기 위해서는 입장료를 지불해야 한다. 그렇다면 베르누이 게임을 하기 위해 카지노 입장료로 얼마를 내는 것이 적절할까?

어마어마한 기댓값

이 게임을 수학적으로 살펴보면서 '기대값'을 계산할 수 있다. 여기서 기대값은 가능한 모든 경우에 대하여 얼마만큼의 돈을 가져갈 것이라고 기대하는지를 나타내는 값이다. 첫 번째 동전을 던진 후, 2달러를 가져갈 확률은 $\frac{1}{2}$ (50%)이다. 두 번째 동전을 던진 후 앞면이 나와서 4달러를 가져갈 확률은 $\frac{1}{4}\left(\frac{1}{2}\times\frac{1}{2}\right)$, 세 번째 동전을 던진 후 앞면이 나와서 8달러를 가져갈 확률은 $\frac{1}{8}\left(\frac{1}{2}\times\frac{1}{2}\times\frac{1}{2}\right)\cdots$이 된다.

따라서 기대값(E)은 다음과 같다.

▲ 니콜라우스 베르누이는 스위스의 수학자 집안인 베르누이가 출신이다. 그는 수학자 피에르 레몽드 몽모르에게 보낸 편지에 처음으로 상트페테레스부르크의 역설을 언급했다.

$$E = \left(\frac{1}{2}+\$2\right)+\left(\frac{1}{4}+\$4\right)+\left(\frac{1}{8}+\$8\right)+\left(\frac{1}{16}+\$16\right)+\cdots$$

$$=1+1+1+1+\cdots$$

$$=\infty$$

게임을 무한히 진행한다고 할 때, 기대값은 무한 달러임을 알 수 있다. 따라서 게임을 할 때 무한한 양의 돈을 가져갈 수 있을 것이라고 기대해도 된다. 그러므로 게임을 하기 위해 카지노의 입장료로 얼마를 내든 상관없이, 여러분은 가져갈 수 있을 만큼의 돈을 맘껏 가져가게 될 것이다. 그렇다 하더라도, 앞에서 베르누이 게임을 하기 위해 카지노 입장료로 얼마를 내는 것이 적절한지를 물었을 때 여러분은 어떤 대답을 했을까? 대부분의 사람들은 아마도 적은 액수로 답했을 것이다. 이것이 바로 상트페테르부르크의 역설이다. 즉 사람들이 게임을 하기 위해 입장료로 얼마를 준비하는지와 그들이 가져갈 것으로 기대되는 액수가 같지 않다는 것이다.

물론 이 게임은 카지노가 무한히 많은 돈을 가지고 있으며 원하는 만큼 게임을 할 수 있다는 것을 가정한다. 그러나 현실에서는 결코 일어나지 않는다. 베르누이 게임은 종종 직관으로 실망할 수도 있음을 보여주는 또 다른 한 예다.

1,729

유명한 택시 수

몇몇 수들은 자신들이 가지고 있는 고유의 수학적 특성보다는 배경에 숨은 이야기 때문에 유명해진 것들이 있다. 이렇게 '전해져 내려온 수' 중 가장 유명한 수는 두 번째 택시 수 또는 하디-라마누잔 수로 알려진 1729일 것이다.

이 이야기는 인도 수학자 스리니바사 라마누잔^{Srinivasa Ramanujan, 1887~1920}으로부터 시작한다. 라마누잔은 정규교육을 받지 않았지만 수학의 천재였다. 그의 연구가 인도 수학회의 주의를 끌게 되었을 때, 그와 인도 수학자들은 유럽의 저명한 수학자들에게 편지를 보냈다. 그러나 라마누잔이 제대로 된 정규교육을 받지 않았던 탓에 그의 연구는 거절당하거나 비판 받았다. 하지만 영국의 수학자 고드프리 하디^{Godfrey Hardy}가 라마누잔의 편지 속 방정식에 사로잡힌 뒤 그 방정식들에 대해 다음과 같이 말했다.

"이 방정식들은 틀림없이 옳은 것들이야. 틀린 식이라면, 어느 누구도 이것을 발명할 생각을 하지 못했을 것이기 때문이지."

1913년 2월, 하디는 라마누잔에게 케임브리지로 초대한다는 편지를 보냈다. 하디의 상류층 가치관 때문에 그의 초대를 거절했던 라마누잔은 다음 해 3월, 마침내 받아들이고 영국으로 가는 배에 올랐다. 두 사람은 공통점이 거의 없었지만, 이후 5년 동안 많은 수학 난제들에 대해 공동 연구를 했다. 그러나 라마누잔은 따뜻한 인도 날씨와는 달리 차가운 영국 날씨와 채식주의자였던 그의 식생활로 인해 영국 생활에 적응하지 못하고 있었다. 제1차 세계대전의 발발로 식량이 배급되는 동안

▲ 스리니바사 라마누잔(위)과 고드프리 하디(아래)는 택시 수를 발견했다. 라마누잔의 노트는 소중한 수학적 자산이다.

잘 먹지 못했던 라마누잔은 영양 상태가 악화되어 런던 퍼트니에 있는 집에서 요양을 해야 했다.

병문안차 라마누잔을 찾아온 하디는 수학 외에는 공통 관심사가 거의 없었던 탓에 자신이 타고 왔던 택시 번호가 1729였다고 말했다. 언뜻 보기에 흥미를 끌 만한 수가 아니었기 때문에, 하디가 별다른 특징이 없는 평범한 수라고 말하자 라마누잔은 즉시 "그렇지 않습니다, 선생님. 매우 흥미로운 수입니다. 두 가지 방법으로 두 수의 세제곱의 합으로 나타낼 수 있는 가장 작은 수이거든요" 하고 대답했다. $1729 = 1^3 + 12^3 = 9^3 + 10^3$가 된다. 이를 계기로 이 새로운 유형의 수는 택시 수라는 수학 용어의 주인공이 되었다.

라마누잔이 이와 같은 수들에 대해 연구했다는 증거는 그의 노트에서 찾아볼 수 있다. 하지만 이것들은 1657년 수학자들이 이미 생각해 왔다는 증거가 남아 있기도 하다.

이 이야기가 수학의 재미있는 일화로 꼽힌다는 것은 인기 애니메이션 〈퓨처라마〉에서 활용되었다는 것만으로도 알 수 있다. 또 사이먼 싱Simon Singh은 《심슨 가족에 숨겨진 수학의 비밀The Simpsons and Their Mathematical Secrets》에서 1729가 님버스Nimbus라는 우주선 등록 번호를 포함하여 얼마나 자주 나타나는지를 보여주었다. 이 책은 인기 애니메이션 〈심슨 가족〉과 〈퓨처라마〉에 숨어 있는 수학적 이론과 정리를 다룬 책이다.

애니메이션의 또 다른 에피소드에서는 한 배우가 콜택시를 부르자 택시 지붕에 87,539,319라는 수가 적혀 있는 장면이 나온다. 이 수는 $167^3 + 436^3$, $228^3 + 423^3$, $255^3 + 414^3$과 같이 서로 다른 세 가지 방법으로 두 세제곱수의 합으로 나타낼 수 있는 가장 작은 수다. 따라서 애니에이션 속 택시 지붕의 수는 택시 수였던 셈이다.

1786

윌리엄 플레이페어, 선그래프와 막대그래프를 발명하다

많은 수들이 불규칙하게 나열되어 있을 때 종종 어떤 기본 패턴이나 나타내는 경향을 직감으로 파악하기 어려울 때가 있다. 많은 경우에, 가장 일반적으로 나타내는 선그래프, 막대그래프, 원그래프(파이 차트) 등 다이어그램 형태로 자료를 시각화시키면 보다 쉽게 파악할 수 있다. 폭넓게 사용되는 이 세 가지 자료 표현 방법을 발명한 사람은 스코틀랜드의 공학자 윌리엄 플레이페어^{William Playfair, 1759~1823}다(120쪽 참조). 1786년, 그는 최초의 선그래프와 막대그래프가 담겨 있는《경제와 정치의 지도^{The Commercial and Political Atlas}》를 출간했다. 이 책에서 그는 시간에 따른 여러 국가의 수입과 수출을 표현하기 위해 선그래프와

자료의 유형

자료는 크게 두 가지 유형으로 분류할 수 있다. 질적인 것과 양적인 것. 질적 자료는 수치가 아니며 대상들에 대해 기술해놓은 것을 다룬다. 반면 주로 수치적 치수들을 다루는 양적 자료는 더 세분하여 다음과 같이 나눌 수 있다.

이산 자료 측정 가능한 값이 비연속적인 자료를 이산 자료 또는 불연속 자료라고 한다. 신발 크기는 237mm가 아닌 235 또는 240과 같이 나타내는 이산 자료다. 사람이나 판매한 레코드 개수처럼 대상들을 셀 수 있는 자료 또한 이산 자료다. 사람을 신체의 일부로 나누거나 노래 하나를 분할하여 셀 수 없기 때문이다.

연속 자료 측정 가능한 값이 연속적인 자료로, 어떠한 값이라도 취할 수 있으며 얼마나 정확히 측정했는지에 따라 달라진다. 높이, 무게, 온도, 시간 등이 연속 자료에 해당한다. 연속량은 막대그래프를 사용하여 나타낼 수 없다. 대신 히스토그램이 사용되어야 한다.

막대그래프를 사용했다. 또 1801년에 출간한 책《통계 기도문^{Statistical} ^{Breviary}》에서 원그래프를 처음 세상에 공개했다.

서로 다른 유형의 자료를 서로 다른 그래프로 표현하는 것은 주목할 만하다. 이를 염두에 두고, 플레이페어의 세 가지 그래프를 각각 살펴보기로 하자.

선그래프

선그래프는 시간에 따른 동향을 나타낼 때 가장 자주 사용된다. x축 의 값들은 시간(일, 주, 년 등)을 나타내고, 어떤 시간에 관하여 y축이 나타내는 변수의 값을 나타내는 곳에 점을 찍는다. 이렇게 찍은 점들을 모두 선으로 연결하여 그린 것이 바로 선그래프다. 이때 각 점을 두 축과 이은 선을 그릴 필요는 없다.

한 다이어그램 내에 여러 개의 그래프를 결합하여 함께 그릴 수도 있다. 이것은 종종 날씨를 표현할 때 사용된다. 기후 그래프는 선그래프로 온도를 나타내고 막대그래프로 강우량을 나타낸다. 이것은 이들 두 가지 변동이 많은 변수들이 어떻게 관련되는지 또는 그렇지 않은지를

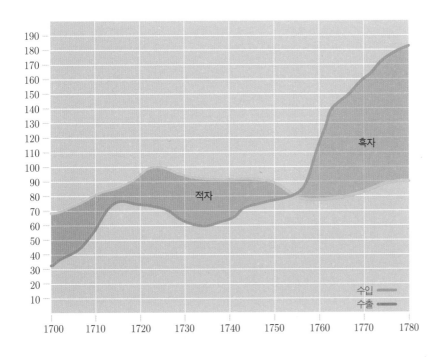

◀ 플레이페어는 선그래프를 적용하여 덴마크와 노르웨이에 대한 영국의 수출과 수입을 표현했다.

쉽게 보여준다.

막대그래프와 히스토그램

　막대그래프로 나타내기 위해서는 자료가 측정 가능한 값이 몇 개의 범주 또는 항목의 형태로 되어 있어야 한다. 그래서 때로 막대그래프에 나타낸 정보를 '범주형 자료'라고도 한다. 이때 각 범주는 보통 가로축인 x축에 나타내며, 세로축인 y축은 그 범주에 속하는 측정 값의 개수인 '도수'를 나타낸다. 여기서 범주는 좋아하는 캔디나 강아지가 될 수도 있다. 서로 이웃하는 막대를 붙여 그리면 안 된다. 한편 y축이 범주를 나타내고 x축이 도수를 나타내도록 막대그래프를 그릴 수도 있다. 막대들은 자유롭게 그 순서를 바꾸어 그릴 수 있지만 막대의 간격과 너비는 항상 동일해야 한다.

　그러나 자료가 연속량일 때는 막대그래프의 사촌인 히스토그램을 이용한다. 히스토그램의 막대들은 연속성을 나타내기 위해 서로 붙여 그린다. 예를 들어 최대 강우량을 나타내는 그래프는 막대 사이의 간격을 연속적으로 그린다. 막대그래프는 막대들의 순서를 바꿀 수 있지만 히스토그램에서는 바꿀 수 없다. 히스토그램도 막대의 폭은 동일해야 한다.

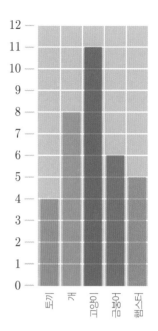

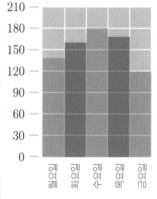

▲ 막대그래프는 이산 자료 또는 범주형 자료를 나타내며, 각각의 막대를 서로 붙이면 안 된다. 히스토그램은 매일 측정한 강우량과 같이 연속 자료를 나타내며 각 막대를 서로 붙여 그린다.

윌리엄 플레이페어

　1759년 스코틀랜드에서 태어난 공학자 플레이페어는 어디에서나 흔히 볼 수 있는 선그래프, 막대그래프, 원그래프를 발명한 사람이다. 한때 제임스 와트의 개인 비서로 지내기도 했다. 그의 아버지는 윌리엄이 열세 살 때 사망했다. 아버지가 사망하자 그를 돌본 형 존 플레이페어는 나중에 수학자가 되었다. 1787년, 윌리엄 플레이페어는 파리로 집을 옮긴 뒤 동료 수학자 갈루아와 함께 혁명을 지지했다. 그후 명예훼손 법정 소송으로 인해 영국으로 강제 송환되었다가 일시적으로 왕정이 복고되었을 때 프랑스로 되돌아왔다. 그는 1823년 2월 11일, 런던 코번트가든에서 숨을 거두었다.

원그래프(파이 차트)

원그래프에서 원은 몇 개의 부채꼴 모양 조각으로 나누며, 각 조각의 크기는 각 범주(항목)가 전체에서 차지하는 비율로 정한다.

예를 들어 다음 표는 인근 학교에 다니는 1021명의 학생들을 대상으로 좋아하는 과목에 대한 설문 조사 자료를 정리한 것이다.

과목	학생수
수학	432
과학	138
영어	201
한국사	133
국어	117

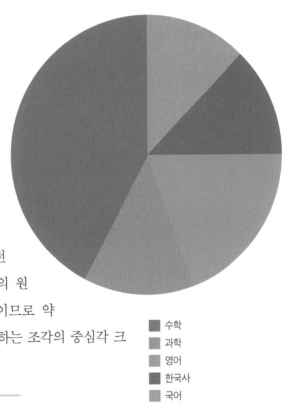

■ 수학
■ 과학
■ 영어
■ 한국사
■ 국어

이 자료를 바탕으로 원그래프를 그리기 위해서는, 먼저 각 범주가 360°의 원에서 어느 정도의 비율을 차지하는지를 계산해야 한다. 전체 학생 수가 1021명이므로, 각 학생이 360°의 원에서 차지하는 각의 크기는 $\frac{360}{1021}=0.353\cdots$이므로 약 0.353°임을 알 수 있다. 따라서 각 과목이 차지하는 조각의 중심각 크기를 구하면 다음과 같다.

과목	중심각 크기	
수학	432×0.353°=	152.32°
과학	138×0.353°=	48.66°
영어	201×0.353°=	70.87°
한국사	133×0.353°=	46.90°
국어	117×0.353°=	41.25°

1822

최초의 디지털 기계식 계산기,
차분기관을 발명하다

오늘날 컴퓨터는 일상생활의 어디에서나, 또 심지어는 복잡한 수학 문제를 풀 때도 활용된다. 컴퓨터를 이용하여 처음으로 수학적인 증명을 한 것은 1976년이었지만, 수학에서의 기계들은 이보다 150년 정도 전에 만들어졌다. 1822년 영국의 발명가 찰스 배비지[Charles Babbage, 1791~1871]가 자동으로 다항 함수의 값을 계산하는 방법을 제안했다.

다항 함수는 여러 개의 항을 함께 더하거나 서로 빼서 나타내는 방정식이다. 각 항에는 지수가 양의 자연수인 2차 항이나 3차 항이 포함될 수 있다.

예를 들어 $f(x)=x^2+x+1$은 다항 함수다. 여기서 f는 함수를 뜻하며, (x)는 x의 값에 따라 함수의 값이 달라진다는 것을 의미한다. 이를

찰스 배비지

런던에서 태어난 배비지는 은행가의 가정에서 4남매 중 한 명으로 태어났다. 어렸을 때 걸린 심한 열병을 잘 이겨낸 배비지는 케임브리지 대학에 들어가 수학을 공부했다. 1814년 대학을 졸업하고 2년 후에는 왕립학회 회원이라는 명예로운 직함을 얻었으며 1828년에는 케임브리지에서 루커스 수학 석좌교수가 되었다. 아이작 뉴턴도 한때 이 직함을 가지고 있었으며, 최근에는 스티븐 호킹이 이 직함을 가지고 있다.

1871년 신장에 이상이 생겨 사망한 배비지의 뇌는 둘로 나뉘어 런던의 과학박물관과 헌터리안 박물관에 보관되어 있다.

테면 $x=1$일 때 $f(x)=3$이 되고, $x=2$일 때는 $f(x)=7$이 된다. 19세기에 다항 함수의 값이 들어 있는 표를 만들 때는 '인간 컴퓨터'가 직접 계산하여 완성했다. 그러나 종종 이들 표에 틀린 값이 있었던 탓에 배비지는 자동으로 계산하는 방법을 찾으려고 했다. 배비지의 차분기관은 기어에 일련의 톱니바퀴들이 돌아가면서 계산을 수행한다.

▲ 찰스 배비지가 생각해 낸 이 수학기계는 일련의 톱니바퀴를 사용하여 계산을 수행하며, 최초의 컴퓨터를 발명하는데 중요한 역할을 하였다.

정부의 지원을 받다

배비지의 생각은 영국 정부의 관심을 끌 정도로 중요하여 기계 설계에 1500파운드(오늘날의 18만 파운드 이상에 해당되는 금액)를 지원받았다. 하지만 그의 생전에는 차분기관을 제작하지 못했다. 역사학자 중에는 당시 공학자들의 기술로는 그의 설계에 맞는 정교한 기계를 제작하는 것이 불가능했기 때문이라고 말하는 이가 있는가 하면, 상반된 정치적 견해 및 그의 엔지니어였던 조지프 클레멘트 Joseph Clement 와의 내분으로 제작에 실패했다고 주장하는 이들도 있다. 어느 쪽이든 20년 후 그 프로젝트가 성공할 때까지 1만 7000파운드 이상의 금액이 소요되었다.

배비지는 차분기관을 제작하는 동안, '해석기관'을 생각해냈다. 해석기관은 천공카드를 사용하여 문제를 입력하고 정보를 저장할 수 있는 기계다. 이것은 일반적인 목적으로 만든 최초의 컴퓨터 디자인이었다.

배비지는 차분기관과 해석기관 모두 제작되는 것을 보지 못했지만, 1991년 런던 과학박물관에서는 배비지 탄생 200주년을 기념하기 위해 배비지의 원래 설계를 그대로 따라 차분기관을 제작했다.

1837

푸아송 분포가 공개되다

　프랑스 수학자 시메옹 드니 푸아송$^{Siméon\ Denis\ Poisson,\ 1781\sim1840}$의 이름을 따서 붙인 푸아송 분포는 이전에 발생한 사건들의 평균 빈도를 알고 있을 때 그 사건들이 발생할 확률을 다루는 통계 분야다. 푸아송 분포는 1837년 논문 〈형법과 민법의 판결에서의 확률에 대한 연구$^{Recherches\ sur\ la\ probabilité\ des\ jugements\ en\ matières\ criminelles\ et\ matière\ civile}$〉에서 처음 공개되었다. 그러나 프랑스 수학자 아브라함 드무아브르$^{Abraham\ de\ Moivre,\ 1667\sim1754}$가 1711년 같은 내용을 더 먼저 발표했다고 기록한 사람들도 있다.

　푸아송이 이 분포를 만든 것은 잘못된 범죄 판결에 대한 비율을 조사하기 위해서였다.

　1898년 라디슬라우스 보르트키에비치$^{Ladislaus\ Bortkiewicz}$가 출간한 《소수의 법칙$^{The\ Law\ of\ Small\ Numbers}$》에서는 푸아송 분포가 보다 다양하게 적용되었다. 그 책에서는 프로이센 군대에서 20년 동안 군마에 차여 사망한 군인의 수가 푸아송 분포를 따른다는 것을 보여주고 있다.

　푸아송 분포는 다음의 식으로 나타낼 수 있다.

$$P(x) = \frac{\lambda^x e^{-\mu}}{x!}$$

　이때 $P(x)$는 과거에 어떤 사건이 발생한 빈도가 평균 λ회일 때, 정해진 기간 내에 그 사건이 x회 일어날 확률을 말한다. 여기서 e는 그 값이 2.718……인 오일러 수이고 !는 팩토리얼을 나타내는 기호다.

　늘 그렇듯, 구체적인 예를 생각해보기로 하자. 1992~1993 시즌이 시작된 이래, 영국 프리미어 리그는 약 47억 명의 사람들이 보는 세계에서 가장 많이 보는 축구 경기가 되었다. 2014~2015 시즌을 마칠 때까지 영국 프리미어 리그에서는 매 경기당 평균 2.63골을 넣었다. 그렇다면 다음 경기에서 일곱 골을 넣는 흥미로운 일이 일어날 확률은 얼마일까? 푸아송 분포는 그 확률을 알려줄 수 있다.

이 경우에 λ=2.63(이전 게임에서의 평균 골수)이고, $x=7$(다음 시합에서 기대되는 골수)이다. 이 값들을 푸아송 분포 식에 대입하면 다음과 같은 값을 얻는다.

$$P(7) = \frac{2.63^7 e^{-2.63}}{7!} = 0.012\cdots$$

이것은 다음 프리미어 리그 경기에서 일곱 골을 넣을 확률이 대략 1% 정도임을 의미한다. 이를 확인하기 위해 가장 잘나가는 도박 사이트에서 다음 프리미어 리그 경기(리버풀 대 본머스)에 대한 배당률을 조사한 결과, 홈팀이 4:3으로 이길 배당률은 100:1이었다.

시메옹 드니 푸아송

푸아송의 이름을 붙인 목록을 살펴보면 그가 수학과 자연과학에서 중요한 공헌을 했음을 충분히 알 수 있다. 푸아송 분포뿐만 아니라, 푸아송 과정, 푸아송 샘플링, 푸아송 회귀분석, 푸아송 괄호, 푸아송 비 등 많은 것들이 있다.

프랑스 피티비에에서 군인의 아들로 태어난 푸아송은 파리에 있는 에콜폴리테크니크에서 공부했으며, 입학한 지 2년도 안 되어 중요한 수학 논문을 발표하기도 했다. 나폴레옹이 조제프 푸리에^{Joseph Fourier}를 그르노블로 보낸 1806년, 푸아송은 교수로 임명되었다. 그는 저명한 교수였으며 "내 인생에서 두 가지, 수학을 하고, 수학을 가르치는 일이 너무 좋다"고 말하기도 했다.

1847

불 대수가 형식화된 해

오늘날의 세상은 0과 1을 토대로 세워져 있다 해도 과언이 아니다. 컴퓨터 칩에 들어 있는 정보는 0과 1의 배열 형태로 저장된다. 이 수들을 이진 숫자$^{binary\ digit}$라고 하며 비트^{bit}라는 약자로 사용한다. 즉 비트는 정보를 표현하는 최소 단위인 셈이다. 8비트가 1바이트^{byte}를 이루며, 현재는 메가바이트, 기가바이크, 테라바이트에 관하여 이야기되고 있다.

일반적인 수를 다루는 대수학 영역이 있는 것처럼, 이진 숫자를 다루는 대수학 영역도 있다. 불 대수(또는 불 논리)는 영국의 수학자 조지 불$^{George\ Boole,\ 1815\sim1864}$의 이름을 따 붙인 것이다. 불 대수에서 종종 0과 1은 각각 거짓인 명제와 참인 명제와 같은 것으로 여긴다. 불 대수에는 세 가지 기본 연산이 있다.

▲ 영국의 수학자 조지불은 디지털 혁명의 기초를 다졌다.

AND 논리곱 연산이라고 하며 기호 ∧를 사용하여 나타낸다.

OR   논리합 연산이라고 하며 기호 ∨를 사용하여 나타낸다.

NOT 논리 부정이라고 하며, 기호 ￢를 사용하여 나타낸다.

다음의 일상적인 예를 통해 어떻게 연산할 수 있는지 알아보자. '여러분이 좋아하는 쇼가 방송되고 있다. AND 밖에 비가 내리고 있다'이면 '여러분이 TV를 본다'라고 한다고 하자. AND 연산에 대하여 다음과 같이 '진리표'를 그릴 수 있다.

명제 A	명제 B	결론 R
여러분이 좋아하는 쇼가 방송되고 있다	밖에 비가 내리고 있다	여러분이 TV를 본다
참	참	참
거짓	참	거짓
참	거짓	거짓
거짓	거짓	거짓

예상한 대로, 정해진 두 조건을 모두 만족할 때만 여러분이 TV를 본다는 것을 알 수 있다. 매번 참과 거짓을 쓰는 대신, 거짓에 대해서는 0, 참에 대해서는 1로 나타낼 수 있다. 이것을 위의 진리표에 적용하여 표로 정리하면 오른쪽 위와 같다.

A	B	R
1	1	1
0	1	0
1	0	0
0	0	0

만일 '여러분이 좋아하는 쇼가 방송되고 있다. OR 밖에 비가 내리고 있다'일 때 '여러분이 TV를 본다'와 같이 조건을 바꾸면, 진리표는 오른쪽 아래표와 같이 달라지게 된다.

이들 두 가지 불 대수 연산을 한 개의 진리표에 나타내면 다음과 같다.

A	B	R
1	1	1
0	1	1
1	0	1
0	0	0

A	B	A∧B	A∨B
1	1	1	1
0	1	0	1
1	0	0	1
0	0	0	0

불 대수에서의 연산이 컴퓨터 내에서 '논리게이트'라는 장치를 사용하여 이루어지기도 한다. 컴퓨터가 광범위한 과제를 수행하도록 하기 위해 이들 게이트를 다양한 방법으로 서로 결합시킬 수 있다.

1850

용어 'matrix'가 수학적으로 처음 사용된 해

대중문화에서 '매트릭스^{matrix}'라는 단어를 들으면 종종 영화 〈매트릭스〉에 나오는 네오의 모습과 인상적인 슬로모션의 싸움 장면, 초록색 숫자들이 디지털 비$^{digital\ rain}$처럼 떨어지는 장면을 떠올리게 된다. 그러나 수학에서는 행렬^{matrix}의 수들이 훨씬 더 체계적이다.

행렬은 여러 개의 수를 직사각형 모양으로 배열해놓은 것으로, 가로를 행, 세로를 열이라고 하며, 행과 열의 개수로 나타낸다. 예를 들어 두개의 행과 세 개의 열을 가진 행렬은 2×3행렬과 같이 나타낸다. 행렬은 좌표를 다룰 때 특히 유용하다. 행렬에서 배열된 각각의 수를 '성분'이라고 한다. 'matrix'라는 용어는 1850년 영국의 수학자 제임스 조지프 실베스터$^{James\ Joseph\ Sylvester,\ 1814\sim1897}$가 처음 사용했다. 그전에 행렬은 '배열^{arrays}'로 알려져 있었으며, 일반적인 수와 불 대수(126쪽 참조)에서의 연산 법칙들은 행렬의 덧셈, 뺄셈, 곱셈, 나눗셈에 관해서도 적용된다.

▲ 제임스 조지프 실베스터는 배열로 알려진 행렬에 최초로 'matrix' 용어를 사용했다.

두 행렬에 대하여 행의 개수와 열의 개수가 각각 같으면 두 행렬은 더하거나 뺄 수 있다. 각 행렬에서 같은 위치에 있는 성분들끼리 더해서(또는 빼서) 새로운 행렬을 만든다. 예를 들어 다음의 2×2행렬 $A=\begin{bmatrix}1&2\\3&4\end{bmatrix}$와 2×2행렬 $B=\begin{bmatrix}1&3\\5&7\end{bmatrix}$를 더하면, 두 행렬 모두 두 개의 행과 두 개의 열을 가지고 있으므로 성분끼리 더할 수 있다.

$$\begin{bmatrix}1&2\\3&4\end{bmatrix}+\begin{bmatrix}1&3\\5&7\end{bmatrix}=\begin{bmatrix}2&5\\8&11\end{bmatrix}$$

행렬을 곱하는 것은 더 어렵다. 첫 번째 행렬의 열의 개수와 두 번째 행렬의 행의 개수가 일치할 경우에만 두 행렬을 곱할 수 있다. 예를 들어 2×3행렬과 3×2행렬은 곱할 수 있지만, 2×3행렬과 또 다른 2×3

행렬은 곱할 수 없다. 다음 두 행렬 E와 F를 곱해보자.

$$E = \begin{bmatrix} 1 & 2 & 3 \\ 4 & 5 & 6 \end{bmatrix} \qquad F = \begin{bmatrix} 7 & 8 \\ 9 & 10 \\ 11 & 12 \end{bmatrix}$$

먼저 행렬 E의 제1행과 행렬 F의 제1열에 대하여 각 성분끼리 순서대로 곱한 다음 더하면 1×7+2×9+3×11=58이 된다. 또 행렬 E의 제1행과 행렬 F의 제2열에 대하여 같은 방법으로 계산을 하면 64가 된다. 마찬가지로 행렬 E의 제2행과 행렬 F의 제1열을 곱하고, 행렬 E의 제2행과 행렬 F의 제2열을 곱하면 각각 139와 154가 된다. 따라서 두 행렬 E와 F를 곱하면 다음의 행렬 G가 된다.

$$G = \begin{bmatrix} 58 & 64 \\ 139 & 154 \end{bmatrix}$$

두 행렬을 곱한 결과로 생긴 행렬의 행의 개수와 열의 개수는 각각 첫 번째 행렬의 행의 개수와 두 번째 행렬의 열의 개수와 같다.

한 행렬을 다른 행렬로 나누기 위해서는, 먼저 역행렬을 구한 다음 역행렬을 처음 행렬에 곱하여 위의 방법에 따라 계산하면 된다. 행렬 A의 역행렬은 A^{-1}과 같이 나타낸다. 행렬 A에 대하여 역행렬을 구하면 다음과 같다.

$$A = \begin{bmatrix} a & b \\ c & d \end{bmatrix} \rightarrow \quad A^{-1} = \frac{1}{(ad-bc)} \begin{bmatrix} d & -b \\ -c & a \end{bmatrix}$$

이때 행렬은 a와 d의 위치를 서로 바꾸고, c와 b는 부호를 바꾼 것과 같으며, 행렬에 곱해진 수는 행렬 A에서 두 대각선 방향으로 각각 수들을 곱한 다음 뺀 값, 즉 행렬식의 값의 역수다.

행렬에 그 역행렬을 곱하면 단위행렬 I가 된다. 이때 단위행렬은 일반 수학에서 1과 같은 역할을 한다. 2×2단위행렬은 다음과 같다.

$$I = \begin{bmatrix} 1 & 0 \\ 0 & 1 \end{bmatrix}$$

행렬은 신비롭게 보일 수도 있지만 공학자, 물리학자, 심지어 컴퓨터 게임 디자이너들도 사용할 정도로 현대 사회의 많은 부분에 쓰이고 있다.

1858

뫼비우스 띠가 발견되다

아우구스트 뫼비우스$^{August\ Möbius,\ 1790~1868}$의 이름을 따서 붙인 뫼비우스의 띠는 아마도 수학에서 가장 유명한 도형 중 하나일 것이다. 뫼비우스의 띠는 폭이 좁고 길이가 긴 직사각형 종이의 한쪽 끝을 반 바퀴 꼬아서, 즉 180° 회전시켜 반대편 끝과 마주 붙여서 만들 수 있다. 지극히 평범해 보이는 이 도형은 몇 가지 놀라운 특성을 가지고 있다.

뫼비우스 띠는 하나의 면으로만 이루어진 도형이다. 종이 띠의 양끝을 붙이기 전 한쪽 면에 빨간색을, 또 다른 면에는 파란색을 칠했다고 하자. 풀로 붙인 다음 뫼비우스 띠의 표면을 따라 이동하면 띠의 경계를 넘지 않고도 빨간색 면과 파란색 면을 지나 처음에 출발했던 곳으로 돌아오게 된다. 대신 출발했던 곳과 비교하여 위아래가 바뀐다. 수학자들은 이와 같은 특성을 지닌 도형을 '방향성이 없다^{nonorientable}'고 하기도 한다.

뫼비우스 띠는 하나의 면만을 가질뿐더러, 경계가 하나뿐인 띠이기도 하다. 경계 위 임의의 점에서 출발하여 손가락으로 경계를 따라가면 출발했던 곳으로 돌아오게 된다.

▼ 뫼비우스 띠는 하나의 면과 하나의 경계만을 갖는 신기한 도형이다. 경계를 넘지 않고도 파란색 면과 빨간색 면을 지나 뫼비우스 표면의 여기저기를 돌아다닐 수 있다.

예상 밖 뫼비우스 띠의 특성

뫼비우스 띠의 가운데를 따라 자르면 이상한 일이 일어난다. 평범한 모양의 띠 두 개로 나누어질 것이라고 추측할 수도 있지만 자르면 뫼비우스 띠는 네 번 꼬인 하나의 커다란 띠가 된다.

뫼비우스 띠를 만들기 위해 종이 띠를 처음에 반 바퀴 꼬는 방향 즉, 시계 방향으로 할 것인지, 아니면 반시계 방향으로 할 것인지에 따라 서로 다른 모양의 뫼비우스 띠가 만들어진다. 일반적인 특성들이 같다고 하더라도 말이다. 이런 이유로 뫼비우스 띠가 실제상과 거울상이 겹치지 않아 수학자들은 뫼비우스 띠가 '카이랄성^{chirality}'을 갖는다고 한다. 이 두 종류의 뫼비우스 띠를 종종 '오른손 방향'과 '왼손 방향'을 갖는다고도 한다.

뫼비우스 띠에 대한 연구는 수학 분야 중 하나인 위상수학^{topology}의 일부를 이루고 있다. 위상수학은 오일러가 쾨니히스베르크 다리 문제(40쪽 참조)를 다루면서 촉진시킨 분야이기도 하다. 오일러의 연구와 마찬가지로, 뫼비우스 띠에 관한 연구 또한 실생활에서 활용되고 있다. 미국의 굿리치 회사$^{B. F. Goodrich company}$는 뫼비우스 띠 모양의 컨베이어 벨트를 만들어 특허를 내기도 했다. 이 컨베이어 벨트는 꼬여 있기 때문에 양면을 골고루 사용할 수 있어 2배 정도 오랫동안 사용할 수 있다.

아우구스트 페르디난트 뫼비우스

유명한 종교개혁가 마틴 루터의 후손인 뫼비우스는 독일의 슐포르타^{Schulpforta}에서 태어났다. 댄스 교사였던 그의 아버지는 뫼비우스가 세 살밖에 되지 않았을 때 세상을 떠났다. 가정에서 교육을 받고 있던 뫼비우스는 열세 살이 되었을 때, 라이프치히 대학에서 공부하기를 원했다. 1813년, 당시 명성이 자자했던 수학자이자 천문학자인 카를 프리드리히 가우스 아래에서 공부하기 위해 괴팅겐 대학으로 옮겨갔다(40쪽 참조).

뫼비우스 띠로 유명하지만, 사실 그는 항성들의 엄폐$^{occultation of fixed stars}$에 관한 주제로 논문을 써서 천문학 박사 학위를 받았다. 역사학자들 중에는 뫼비우스가 최초로 유명한 띠를 발견했다는 것에 대해 의문을 갖는 이들도 있다. 그들에 따르면 독일의 수학자 요한 베네딕트 리스팅$^{Johann Benedict Listing, 1808~1882}$에게 그 공이 넘어가야 한다는 것이다. 리스팅은 실제로 'topology'라는 수학 용어를 처음으로 만든 사람이기도 하다.

1880

벤다이어그램이 만들어진 해

수학에서 벤다이어그램은 어떤 대상들의 서로 다른 모임 사이의 관계를 표현하는 방법이다. 수학자들은 어떤 대상들의 모임을 '집합'이라고 한다. 따라서 영국의 수학자 존 벤[John Venn, 1834~1923]의 이름을 따 붙인 벤다이어그램은 집합론이라는 유명한 수학 분야에 해당한다.

오른쪽 그림은 벤다이어그램을 이용하여 1부터 10까지의 자연수를 나타낸 것이다. 벤다이어그램을 그리기 위해서는 먼저 '전체집합(U)'을 나타내는 직사각형을 그린다. 이제 두 개의 집합, 예를 들어 1부터 10까지의 자연수에서 짝수의 집합과 소수의 집합을 두 개의 집합으로 구성하면, 직사각형 내부에 두 개의 원을 그리고 그 안에 적절히 수를 채우면 된다. 이때 1과 10 사이의 자연수 중 2는 짝수이면서 소수이기도 하므로 두 원을 겹쳐 그리고 겹쳐진 부분에 2를 배치시킨다. 두 집합 어느 것에도 속하지 않는 수는 전체집합 내부의 원 밖에 배치하면 된다.

존 벤

대대로 성직자 집안에서 태어난 벤은 엄격한 가정교육을 받았다. 케임브리지 대학에서 수학을 공부한 후, 그 또한 성직자가 되었다. 그리고 나중에 케임브리지 대학으로 돌아가 집합을 간단한 다이어그램 형태로 표현하는 것에 대해 연구했다. 그는 자신이 생각한 것을 다음과 같이 말했다. "물론 그때 나의 다이어그램이 새로운 것은 아니었지만, 내가 막 생각해낸 다이어그램은 어느 누구든 수학적으로 명제를 시각화시키려는 방법에 있어 분명히 대표적인 것이었다고 생각한다"

벤다이어그램은 레온하르트 오일러가 1세기 전에 발명했던 오일러의 다이어그램과 비슷했기 때문에 새로운 것은 아니었다. 실제로 벤은 자신의 다이어그램을 '오일러의 원'이라 부르기도 했다.

수학자들은 전체집합 U의 두 부분집합 A, B에 대하여 여러 연산을 한 결과를 나타내는 집합을 다음과 같이 기호로 나타내고 특별한 명칭을 붙였다.

교집합　벤다이어그램에서 두 집합 A와 B가 겹치는 영역을 말하며 $A \cap B$와 같이 나타낸다. 아래 그림에서 이 집합은 1과 10 사이의 수 중 2만을 원소로 갖는 집합이다.

합집합　벤다이어그램에서 집합 A의 내부 또는 집합 B의 내부에 해당하는 모든 영역을 말하며 $A \cup B$와 같이 나타낸다. 위의 예에서 이 집합은 1과 10 사이의 수 중 짝수의 집합 A에 속하거나 소수의 집합 B에 속하는 모든 원소로 이루어진 집합이다.

대칭차집합　벤다이어그램에서 집합 A 또는 집합 B의 내부에 해당하지만 공통인 영역을 제외한 영역을 말한다. 즉 합집합을 나타내는 영역에서 교집합을 나타내는 영역을 제외한 영역을 말하며 $A \triangle B$와 같이 나타낸다.

여집합　어떤 집합의 여집합은 전체집합의 원소이면서 그 집합에 속하지 않는 모든 원소들로 이루어진 집합이다. 그림에서는 집합 A의 여집합은 1에서 10까지의 수 중 짝수가 아닌 원소로 이루어진 집합이다. 이때 원소가 소수인지에 대해서는 상관없다. 집합 A의 여집합은 A^{C}와 같이 나타낸다.

차집합　벤다이어그램에서 집합 A에 대한 집합 B의 차집합은 집합 A의 영역에서 교집합의 영역을 제외한 부분이다. 위의 예에서 집합 B에 대한 집합 A의 차집합은 짝수를 제외시킨 모든 소수, 즉 3, 5, 7로 이루어진 집합이다. 집합 B에 대한 집합 A의 차집합은 $B-A$와 같이 나타낸다.

▼ 아래의 그림은 벤다이어그램을 이용하여 각 집합에 1에서 9까지의 수를 나타낸 것이다. 짝수 또는 소수가 아닌 원소들은 원으로 나타낸 집합 밖에 배치되어 있다.

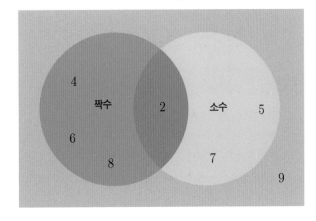

1882

클라인 병을 발명하다

뫼비우스 띠와 마찬가지로, 클라인 병은 방향을 정할 수 없는 곡면이다(130쪽 참조). 어쩌면 '병'은 이 도형에 대하여 적절치 않은 용어일 수도 있다. 병은 액체를 담을 수 있지만, 클라인 병은 기이한 특성 때문에 액체를 병에 넣으면 다시 밖으로 흘러나오게 된다.

이제 클라인 병을 만들어보자. 먼저 직사각형의 종이를 준비한다. 준비한 종이에서 서로 마주 보는 두 쌍의 대변에 오른쪽 그림과 같이 화살표를 그려 넣는다. 그런 다음 길이가 긴 두 대변을 포개어 붙임으로써 원통을 만든다. 이때 원통의 양 끝을 들어 올려 확인해보자. 양 끝에 그려진 화살표 방향이 서로 다르다는 것을 알 수 있다. 하나는 시곗바늘 방향이고, 다른 하나는 시곗바늘 반대 방향을 가리킨다. 원통에 구멍 하나를 뚫고 다른 한 끝을 구멍에 넣어 통과시킨다. 여기서 주의할

펠릭스 클라인 Felix Klein, 1849~1925

독일의 뒤셀도르프에서 태어난 펠릭스 클라인은 19세기 후반 주요 수학자 중 한 명이다. 그는 군론(53쪽 참조)과 복소수(103쪽 참조)에 관한 연구에 공헌했다. 본 대학교에서 수학과 물리학을 공부한 후 물리학자가 되려고 했으며 23세의 젊은 나이에 교수가 되기 전 잠깐 동안 프러시아군에서 복무하기도 했다. 교수가 된 후, 클라인은 괴팅겐 대학교에 수학연구소를 세우고 독일의 수학자 다비드 힐베르트(54쪽 참조)를 초빙해 공동연구를 했다. 또 학교 수학교육과정을 정하는 중요한 역할을 했다.

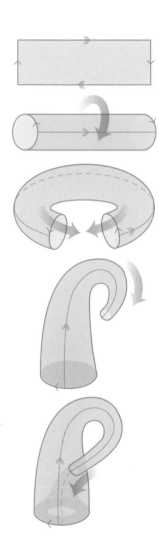

▲ 클라인 병은 직사각형 종이를 긴 변끼리 붙여 만든 원통에서 양 끝의 방향이 같도록 붙이는 것과 관련이 있다. 3차원에서는 병의 옆면에 구멍을 뚫지 않고서는 클라인 병을 만들 수 없다.

것은 위상수학에서는 구멍의 개수가 같은 두 도형에 대해서만 서로 같다고 한다. 따라서 구멍을 뚫은 이 도형은 위상적으로 처음 원통과 다른 도형이라 할 수 있다.

이것은 클라인 병이 3차원 세계에서 만들 수 없는 도형이라는 것을 의미한다. 그러나 가상의 4차원 세계에서는 제4의 차원을 이용하여 구멍을 뚫지 않도록 원통의 옆면을 통과한 다음 다른 끝과 만날 수 있다. 구멍을 뚫어 만든 클라인 병에 가까운 3차원 도형을 구멍 뚫린 클라인 병이라 한다.

한 개의 면만 있고 모서리는 없다!

클라인 병과 구는 모두 '닫힌' 곡면을 가지고 있다는 점에서 서로 유사하다고 할 수 있다. 한 예로 지구를 생각해보자. 문을 열고 나와 육지와 바다를 건너 직선 방향으로 계속 나아가면 출발했던 곳으로 돌아오게 될 것이다. 이것은 한없이 반복할 수 있다. 마찬가지로 개미 한 마리가 클라인 병의 곡면을 따라 기어가면 경계나 모서리를 찾을 수 없을 것이다. 구는 안쪽 면과 바깥쪽 면을 가지고 있는 반면, 클라인 병은 오직 한 개의 면만 가지고 있을 뿐이다. 야구공을 상상해보자. 바깥쪽 면의 한 점에서 안쪽 면의 다른 한 점으로 가기 위해서는 모서리를 넘어가야 한다. 그러나 클라인 병을 기어가는 개미는 모서리를 넘어가지 않고도 곡면 상의 임의의 점이 있는 두 면에 다가갈 수 있다. 이것은 클라인 병이 어떤 부피를 가둘 수 없는 탓에 액체를 담을 수 없다는 것을 의미한다.

▼ 구멍 뚫린 클라인 병으로 알려진 3차원 유사 모형. 이 병에는 액체를 담을 수 있지만 실제 클라인 병은 담을 수 없다.

1936

필즈상이 수여된 첫 번째 해

1997년 오스카상 수상 영화 〈굿 윌 헌팅〉에서, 맷 데이먼이 연기한 주인공은 가난한 동네에 사는 수학 천재로 어느 날 수학 교수인 제럴드 램보가 대학교의 복도 칠판에 적어놓은 어려운 문제를 보고 그 해답을 적어 교수의 관심을 끌게 된다. 영화에서는 램보가 필즈상 수상자이지만 그가 풀지 못했던 문제를 윌이 해결한 것으로 되어 있다. 지금은 고인이 된 로빈 윌리엄스가 열연한 숀은 "필즈상, 그거 대단한 상이야"라고 학생들에게 말한다.

▼ 캐나다의 수학자 존 필즈가 제정해 40세 이하의 수학자에게 4년마다 수여하는 필즈상의 필즈 메달.

필즈상은 종종 '수학의 노벨상'이라고도 한다. 노벨상에는 경제학상도 있지만 수학상은 없다. 매년 수여되는 노벨상과 달리, 필즈상은 젊은 수학자들의 연구를 장려하기 위해 4년마다 40세 미만의 수학자에게 수여된다.

보통 2~4명의 젊은 수학자에게 국제수학연맹International Congress of the International Mathematical Union이 세계수학자대회(ICM)에서 1만 5000캐나다달러의 상금과 함께 수여하고 있다. 캐나다달러를 상금으로 하는 것은 캐나다의 수학자 존 필즈^{John Fields, 1863~1932}가 기금을 마련했기 때문이다. 비슷한 상인 아벨상은 노르웨이 정부가 2002년 자국의 수학자 닐스 아벨^{Niels Abel}의 이름을 따 만든 것으로, 상금은 노르웨이 화폐로 600만 크로네(약 75만 달러)다.

첫 번째 필즈상 수상은 1936년 노르웨이 오슬로에서 개최된 세계수학자대회 개막식에서 핀란드 수학자 라르스 알포르스^{Lars Ahlfors}와 미국의 수학자 제시 더글러스^{Jesse Douglas}에게 수여되었다. 그다음 시상은 1950년 매사추세츠 케임브리지 시에서 이루어졌으며, 이후부터는 4년마다 수여되고 있다.

2014년에는 처음으로 여성 수상자가 등장했다. 이란 출신의 마리암 미르자카니^{Maryam Mirzakhani}가 그 주인공으로, 동역학과 리만 곡면의 기하에 관한 연구에서 높은 평가를 받았다. 1954년에 장피에르 세르^{Jean-Pierre Serre}는 스물일곱 살의 나이에 구면에 관한 연구로 필즈상을 받았다.

2006년 푸앵카레 추측을 연구한 러시아 수학자 그리고리 페렐만^{Grigori Perelman}은 필즈상 수상과 클레이 수학 연구소 상금 100만 달러를 모두 거절했다(153쪽 참조).

존 필즈

캐나다 온타리오 주 해밀턴에서 태어난 필즈는 1884년 토론토 대학을 졸업하고 미국으로 건너가 박사 학위를 취득했다. 1891년 북미를 떠나 유럽으로 떠날 것을 결심하고 프랑스와 독일을 옮겨 다니며 연구를 시작했다. 그곳에 있는 동안, 필즈는 펠릭스 클라인을 포함하여 당시의 몇몇 수학계 거장들을 사귀기도 했다(134쪽 참조).

1902년 캐나다로 돌아온 필즈는 학계와 보다 폭넓은 대중 의식 측면에서 수학의 발전을 위해 꾸준히 노력했다. 그 일환으로 필즈상을 계획했지만 안타깝게도 첫 번째 필즈상이 주어지는 것을 보지 못하고 1932년에 세상을 떠났다. 필즈는 유언을 통해 필즈상 기금으로 4만 7000달러를 기부했는데, 이 금액은 당시 매우 큰 금액이었다. 그는 해밀턴 묘지에 묻혔다.

1995

페르마의 마지막 정리의 증명이 발표되다

이 책에 제시된 모든 정리 가운데 페르마의 마지막 정리에 포함되어 있는 질문은 매우 단순하지만 그 답을 제시하기에는 매우 어려운 것 중 하나다. 앞에서 피타고라스가 직각삼각형의 각 변의 길이 사이에 $a^2+b^2=c^2$과 같은 관계가 있다는 것을 어떻게 연구했는지에 대해 알아보았다. 이 식을 만족시키는 a와 b의 값들은 무수히 많다.

17세기, 프랑스의 수학자 피에르 드 페르마$^{Pierre\ de\ Fermat}$가 흥미를 느낀 것은 지수가 2보다 큰 수일 경우에도 같은 관계식이 성립하는지, 즉 $a^3+b^3=c^3$ 또는 $a^4+b^4=c^4$ 등인 a와 b의 값들을 찾을 수 있는지에 대해서였다. 그는 아무것도 찾지 못했지만 결코 포기하지 않고 대신 아무것도 찾을 수 없는 이유가 어떤 것도 존재하지 않기 때문이라고 주장했다. 1637년경, 그는 읽고 있던 디오판토스^{Diophantos}의 《산수론^{Arithmetica}》 여백에 증명했다는 말과 함께 그 내용을 낙서처럼 써내려갔다. 그런데 증명을 다 써내려갈 만한 공간이 충분하지 않았다. 변호사였던 그가 밤에만 취미 삼아 수학을 연구했다는 점으로 볼 때 이는 매우 인상적인 일이 아닐 수 없다.

페르마가 사망하고 30여 년이 지난 후, 그의 아들이 《산수론》의 여백 여기저기에 낙서처럼 써놓았던 많은 다른 수학적 정리들을 발견해 이를 책으로 펴냈다.

그 후 수십 년, 수 세기 동안, 여러 세대에 걸쳐 수학자들은 페르마의 아이디어들 중 한 가지를 제외한 나머지 것들이 모두 타당함을 증명했다. 증명이 쉽지 않아 남겨졌던 유일한 정리는 피타고라스학파가 제안한 n이 2보다 큰 정수일 때 방정식 $x^n + y^n = z^n$을 만족하는 해가 존재하는지에 관한 것이었다. 그래서 이 정리는 페르마의 마지막 정리로 알려지게 되었다.

드디어 증명되다!

n이 4일 때 방정식을 만족하는 해가 없다는 것에 대해서는 페르마가 확실히 증명한 것으로 보인다. 19세기 중반까지는 n이 3, 5, 7일 때 방정식을 만족하는 해가 없다는 것이 증명되었다. 그리고 마침내 수학자들은 n이 400만까지의 임의의 소수에 대하여 이 정리가 성립함을 입증하였다.

350여 년이 지난 1995년, 영국의 수학자 앤드루 와일즈$^{Andrew\ Wiles}$가 페르마의 마지막 정리를 완벽하게 증

▲ 피에르 드 페르마의 동상 옆에 서 있는 앤드루 와일즈. 그는 1995년에 동상에 새겨져 있는 정리의 증명을 발표했다.

명했음을 공식적으로 발표했다. 그는 열 살 때 동네 도서관에서 처음 페르마의 마지막 정리를 접한 뒤 이 정리를 증명하겠다는 결심을 했음을 고백했다. 하지만 곧 그 증명이 얼마나 어려운지를 깨닫고 포기했다가 30대에 다시 연구를 시작하여 6년 동안 열정적으로 매달렸다.

1994년 9월, 증명을 포기하고 싶다는 생각이 들 때쯤, 와일즈는 마지막으로 한 번만 더 그 정리를 증명했는지를 알아보는 과정에서 퍼즐의 마지막 조각을 해결했다. 2000년에 앤드루 와일즈는 그 공로를 인정받아 엘리자베스 2세 여왕으로부터 기사 작위를 받았다.

2006

곰복 문제가 해결되다!

어렸을 때 가지고 놀던 오뚝이 장난감을 기억하는가? 다양한 형태의 얼굴이 그려져 있는 달걀 모양의 이 장난감은 밀어서 넘어뜨려도 항상 다시 일어난다. 오뚝이 장난감이 넘어뜨려도 저절로 일어서도록 하는 비결은 바로 중력의 영향을 받아 원래 위치로 되돌아가도록 교묘하게 무게중심을 아래쪽에 위치시키기 때문이다.

그렇다면 전체가 같은 물질로 이루어져 있으면서 약간의 무게에 대해서도 전혀 치우침이 없고 밀어도 쓰러지지 않고 저절로 일어나는 도형에 대해서는 어떻게 생각하는가? 1995년 러시아의 수학자 블라디미르 아르놀트^{Vladimir Arnold}는 그런 특성을 가진 입체구조가 존재할 수도 있다고 제안했다. 수학자들에 의하면, 이 입체구조는 오로지 한 개의 안정된 균형점을 가지고 있다. 즉 평평한 면 위에 이 입체도형을 놓았을 때 항상 균형을 유지한다. 그러므로 이 도형은 어떤 평면에 놓든 상관없이 이 안정된 점으로 되돌아간다.

2006년 마침내, 두 헝가리 과학자 가보르 도모코스^{Gábor Domokos}와 페테 바르코니^{Péter Várkonyi}가 이 도형을 발견했다. 그들은 이론과 일치하는 도형을 찾기 위해 그리스 해변을 샅샅이 훑으며 2000개 이상의 조약돌을 조사했다. 하지만 조약돌들이 위의 방식을 따르지 않음을 알고 계획을 다시 세웠다. 곰복^{Gömböc} 도형을 만들기 위해서는 0.1mm 이내 수준의 정확도가 요구된다.

▼ 무게가 편중되지 않고 균일하게 분포된 곰복 도형은 항상 저절로 일어나는 특성을 가지고 있다. 이 도형을 만들기 위해서는 0.1mm 이내 수준의 정확도가 요구된다.

3,435

단 하나의 뮌히하우젠 수

1943년에 개봉한 독일 영화 〈뮌히하우젠^{Münchhausen}〉에서는 히에로니무스 폰 뮌히하우젠 남작 역을 맡은 배우가 포탄을 타고 공중으로 떠올라 자신이 나중에 포로로 잡힌 터키 궁전까지 날아가는 장면이 나온다. 이 영화는 '허풍쟁이 남작'으로 알려진 뮌히하우젠이 자신이 겪은 경험과 사건을 허황된 이야기로 꾸며 풀어내던 것이 전해지면서 각색을 거쳐 제작된 것이다. 실제로 뮌히하우젠 수는 허풍쟁이 남작의 이름을 딴 것이다. 그것은 뮌히하우젠 수가 마술 같은 수이기 때문이다.

1을 제외하고 진정한 뮌히하우젠 수는 3435, 하나뿐이다. $3^3+4^4+3^3+5^5=3435$와 같이 조합할 수 있는 수가 없기 때문이다. 각 자리의 숫자에 대하여 자기 자신의 수만큼 거듭제곱하여 더하면 마술처럼 처음 수와 같다. 물론 $1^1=1$도 자명한 수이지만 흥미로운 수는 아니다.

때때로 뮌히하우젠 수는 0, 1, 3435, 438579088의 네 개가 있다고 주장하는 이들도 있다. 그러나 첫 번째 수와 네 번째 수는 0^0을 계산하여 그 값을 0이라 할 것인지에 따라 달라진다. 일반적으로 어떤 수를 0제곱하면 항상 그 값은 1이다. 하지만 이 경우에 수학자들은 0^0을 '부정^{undefined}'이라고 한다. 따라서 두 수는 3435와 같은 방식으로 계산할 수 없다(11쪽 참조).

계산기를 이용하여 계산하려고 하면, $\frac{0}{0}$일 때와 마찬가지로 계산 결과가 0이 아닌 error라는 단어가 나타난다.

따라서 진정한 뮌히하우젠 수는 오로지 3435뿐이다. 3435는 한 자리 수가 아닌 네 자리 수임은 물론, 각 자리의 숫자에 대하여 자신의 수만큼 거듭제곱하여 더하면 처음 수가 된다.

▲ 허풍쟁이로 알려진 히에로니무스 폰 뮌히하우젠 남작의 이름을 딴 뮌히하우젠 수 또한 각 자리의 숫자를 거듭제곱하여 만들 수 있는 마술 같은 수이기도 하다.

5,050
1부터 100까지의 자연수의 합

카를 프리드리히 가우스[1777~1855]는 역사상 가장 존경스러운 수학자 중 한 사람이다. 그는 어린 나이부터 놀라운 수학적 재능을 보였다. 가우스의 어린 시절과 관련된 유명한 수학에 관한 일화가 있다.

가우스가 열 살 때, 선생님이 학생들에게 문제를 하나 냈다. 1부터 100까지의 모든 수를 계산한 학생은 교실 앞으로 나와 답을 말하도록 한 것이다. 그런데 얼마 후 가우스가 벌떡 일어나 선생님에게 다가가더니 5050이라고 말했다. 나머지 학생들은 여전히 그 수들을 하나하나 더하고 있었다.

가우스는 모든 수를 일일이 더하지 않고도 보다 빨리 계산하는 방법을 찾았기 때문에 빠르게 계산할 수 있었다.

▼ 카를 프리드리히 가우스와 그의 비범한 어린 시절에 관한 이야기는 매우 유명하다. 그것이 사실인지는 확실치 않지만 유익한 이야기임에는 확실하다.

가우스는 1부터 100까지의 모든 수를 두 개씩 짝을 지어 101(100+1, 99+2, 98+3……)을 만들었다. 그 결과 50개의 101이 만들어지자 간단히 101×50을 계산한 다음, 재빨리 5050이라는 정답을 말할 수 있었던 것이다.

수학에 있어 대변혁을 일으킬 정도로 대학자였던 가우스는 항상 연구에 전념해 아내가 죽어가고 있다는 말에도 "그녀에게 조금만 기다리라고 해주시오. 거의 다 끝나가고 있어요"라고 말했다고 한다.

6174

카프레카 상수

    1949년, 인도의 수학자이자 교사인 D. R. 카프레카^{D.R Kaprekar}는 수 6174가 흥미로운 특성을 가지고 있다는 것을 발견했다. 이에 따라 그의 이름을 따서 6174를 카프레카 상수라 한다. 그는 각 자리의 숫자가 모두 다른 임의의 네 자리의 수에 대하여 어떤 특별한 절차를 적용하면 항상 6174가 된다는 것을 알아냈다. 다음은 카프레카 수를 만드는 절차다.

  ① 먼저 네 자리의 수를 선택한다.
  ② ①의 수에 대하여 숫자가 큰 것에서 작은 것 순으로 각 자리의 숫자를 재배열한다.
  ③ ①의 수에 대하여 숫자가 작은 것에서 큰 것 순으로 각 자리의 숫자를 재배열한다.
  ④ ②의 수에서 ③의 수를 뺀다.
  ⑤ ④의 새로운 수에 대하여, ②~④의 과정을 반복한다.

    이 절차를 계속 시행하면 7회 이내에 모두 6174가 되거나, '반복'을 거듭한다.

    수 4793에 적용해보자. 숫자가 큰 것에서 작은 것 순으로 각 자리의 숫자를 재배열하면 9743이 되고, 작은 것에서 큰 것의 순으로 재배열하면 3479가 된다. 이제 9743에서 3479를 빼면 6264가 된다. 이 수도 같은 절차를 적용하면 6642−2466=4176이 되며, 한 번 더 적용하면 7641−1467=6174가 된다.

    이 같은 결과는 각각의 숫자가 모두 같지 않은 네 자리의 수에 대해서는 항상 성립한다. 0791과 같이 각 자리의 수에 0이 포함되어 있어도 성립한다. 위의 절차를 한 번 시행하여 6174에 도달하려면 7641−1467=6174와 같이 되도록 시작수를 설정하면 된다. 그렇다면 세 자리 수에 대하여 같은 절차를 적용하면 어떨까? 그 결과는 항상 495가 된다.

14,316

28개의 수로 이루어진 군거성수의 시작수

완전수와 친화수(38쪽, 86쪽 참조)를 확장시킨 군거성수도 약수와 관련이 있다. 군거성수는 n개의 수에 대하여 각 수의 자기 자신을 제외한 약수의 합이 바로 다음 수와 같고, 이와 같은 과정을 되풀이하여 마지막 수의 자기 자신을 제외한 약수의 합이 처음 시작한 수와 같은 이 n개의 수를 말한다. 군거성수는 1918년 벨기에 수학자 폴 풀레[Paul Poulet]가 발견하고 이름을 붙였다.

수 1,264,460에 대하여 자기 자신을 제외한 약수들을 모두 더하면 1,547,860이 된다. 이번에는 수 1,547,860에 대하여 자기 자신을 제외한 약수들을 모두 더하면 1,727,636이 되며, 1,727,636에 대하여 같은 과정을 반복하면 1,305,184가 된다. 마지막으로 한 번 더 위의 과정을 반복하면 처음 수인 1,264,460가 된다.

이때 이 수들이 군거성수의 사슬을 이루고 있다고 한다. 사슬이 하나의 고리로 되어 있을 때, 즉 한 수에 대하여 자기 자신을 제외한 약수들의 합이 자신과 같으면 이 수는 완전수와 같다. 또 사슬이 두 개의 연결 고리로 되어 있을 때, 즉 두 수에 대하여 각각 자기 자신을 제외한 약수들의 합이 서로 다른 수와 같으면 이 수들은 친화수와 같다. 세 개의 연결 고리로 되어 있는 군거성수는 존재하지 않으며, 위의 예에서와 같이 225는 네 개의 연결 고리로 되어 있는 군거성수다.

놀랍게도 28개의 연결 고리로 되어 있는 군거성수가 있다. 이 군거성수의 시작수는 14316이다.

17,152
스토마키온 퍼즐을 해결하는 방법의 수

스토마키온 퍼즐은 14조각으로 분할된 정사각형으로 이루어져 있다. 이 퍼즐의 한 가지 목표는 14조각을 다른 방법으로 조합하여 정사각형을 만드는 것이다. 퍼즐의 수학적 특성은 고대 그리스 수학자 아르키메데스가 처음 연구한 것으로 보고 있다.

아르키메데스의 퍼즐 연구를 알게 된 것은 운 좋은 일이다. 전혀 남아 있지 않던 이 퍼즐에 대한 기록의 필사본이 20세기에 발견되었는데, 13세기의 기도문이 사본 위에 덧쓰여 있었다. 1998년과 2008년 사이, 학자들이 원래의 필사본에 쓰인 내용들을 복원함으로써 기도문을 적기 위해 훼손되었던 기록들을 찾아낼 수 있었다.

14조각을 서로 다르게 조합하여 정사각형을 만들 수 있는 방법의 수는 무려 1만 7152가지가 있다. 2003년 미국의 수학자 빌 커틀러[Bill Cutler]는 1만 7152가지 방법으로 만든 정사각형을 회전시키거나 대칭시켰을 때 같은 모양이 되는 정사각형을 배제하면 모두 536개의 서로 다른 정사각형이 된다는 것을 밝혀냈다. 이 1만 7152가지의 해법들을 살펴보면 흥미로운 사실을 발견할 수 있다. 먼저 큰 정사각형을 12×12의 바둑판처럼 작은 정사각형들로 나누고, 그 위에 14조각을 배열하여 퍼즐의 한 가지 해법을 찾아보자. 각 조각의 꼭짓점이 위치한 곳에 점을 찍어 표시해둔다. 이때 나머지 1만 7151가지 해법의 조각들에서도 이들 16개의 점 위에 위치하는 꼭짓점이 있음을 알 수 있다.

또 오른쪽 그림과 같은 한 해법에서처럼 세 쌍의 타일은 항상 서로 변을 공유한다(다이아그램 참조).

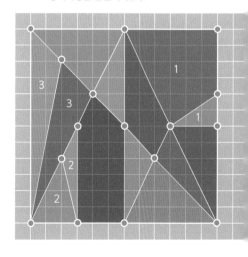

▼ 14조각으로 이루어진 스토마키온은 현존하는 퍼즐 중 가장 오래된 수학 퍼즐이며, 각 조각들을 재배열하여 536가지의 서로 다른 정사각형을 만들 수 있다.

20,000

고대인들(기원전)이 소수를
알고 있었다는 가장 오래된 증거

벨기에 브뤼셀에 있는 벨기에 왕립자연사박물관^{Royal Belgian Institute} of Natural Science에 전시된 개코원숭이의 종아리뼈는 매우 의미 있는 유물이다. 1960년대 오늘날 콩고민주공화국이 있는 이샹고 지역에서 발견된 이 뼈는 2만 년도 더 된 것으로 추정된다. 당시 고대인들은 가까운 셈리키 강 주변에서 물고기를 잡고 식수를 해결하며 모여 살았다. 하지만 엄청난 화산 폭발이 일어나 그들은 모두 묻히고 말았다.

이 진갈색 뼈와 관련하여 놀라운 사실은 조상들이 이 뼈에 세 줄에 걸쳐 눈금을 새겨놓았다는 것이다. 왼쪽 세로줄에는 10에서 20 사이의 소수 11, 13, 17, 19를 나타내는 표시가 있다. 이것은 존재하는 것 중에서 두 번째로 가장 오래된 수학적 물건이다. 가장 오래된 것은 3만 5000년 된 비비의 종아리뼈로, 29개의 눈금이 새겨져 있는데 달의 위상 변화를 추적하기 위해 사용된 것으로 보인다.

▲ 이샹고 뼈는 브뤼셀에 있는 벨기에 왕립자연사박물관에 전시되어 있다. 이 뼈는 2만 년 이전의 것으로 보이며, 소수를 나타내는 눈금이 새겨져 있다.

그러나 수학사학자들 사이에서는 이것이 우연의 일치이거나, 또는 이샹고 사람들이 이들 수에 대한 특성을 이해하고 있었을 것이라는 것에 대한 의견이 분분하다. 그것은 어떤 수가 소수라는 것을 알기 위해서는 먼저 나눗셈에 관한 개념을 이해하고 있어야 하기 때문이다. 주석가들 중에는 이것이 기원전 1만 년이 되어서야 개발되었다고 생각하는 이들도 있다. 이것은 곧 뼈에 새긴 눈금이 실제로 소수를 나타내고 있다 하더라도, 눈금을 새긴 사람은 아마도 소수가 중요한 수라는 것을 알지 못했을 수도 있다.

30,940

텍사스 홀덤 포커 게임에서
로열 플러시가 나올 확률에 관한 수

포커 게임에서, 패는 그것이 나올 수 있는 확률에 의해 순위가 결정된다. 가장 인기 있는 게임 형식 중 하나인 텍사스 홀덤에서는 참가자는 배분받은 일곱 장의 카드 중 다섯 장의 카드로 최고의 패를 만든다. 최고 순위의 패는 같은 무늬로 A, K, Q, J, 10이 갖추어진 로열 플러시다.

로열 플러시가 나올 확률을 계산하기 위해, 먼저 로열 플러시가 나올 전체 경우의 수를 찾은 다음, 일곱 장의 카드로 서로 다른 패를 만들 수 있는 전체 경우의 수로 나누어야 한다. 확률론에서, 무작위로 서로 다른 n개에서 r개를 택하는 방법의 수를 구할 때의 식은 다음과 같다.

$$_nC_r = \frac{n!}{r!(n-r)!}$$

위의 게임에서 n은 게임을 시작할 때 사용하는 전체 카드의 수(52)이고, r은 다섯 장을 뽑아 자신만의 최고의 패를 만들 수 있도록 배분받은 카드의 수(7)다. !는 팩토리얼이므로 이것은 "52장의 카드에서 일곱 장을 뽑는 것"이라고 말할 수 있다.

이것을 계산하면, 52장의 카드에서 일곱 장의 카드를 뽑는 조합의 수는 133,784,560가지다. 로열 플러시가 나오려면 반드시 정해진 다섯 장의 카드가 있어야 하고 나머지 두 장은 어떤 것이어도 상관없다. 즉 이 두 장은 나머지 47장의 카드 중 어느 것이라도 될 수 있다. 이것은 "47장의 카드에서 두 장을 뽑는 것"에 해당하며, 조합의 수는 4324가지다. 즉 다섯 장의 로열 플러시가 포함된 일곱 장의 카드로 만들 수 있는 조합의 수는 4324가지이다. 따라서 로열 플러시가 나올 확률은 $\frac{4324}{133784560}$ 또는 0.000032 또는 0.0032% 또는 1:30940이다.

▲ 로열 플러시는 같은 무늬로 10, J, Q, K, A가 갖추어진 패다. 로열 플러시는 나올 가능성이 매우 적기 때문에 최고의 패라 한다.

44,488

다섯 개의 연속되는 행복수 중 첫 번째 수

수는 군거성수 또는 친화수, 괴짜수, 과잉수, 뱀피릭[vampiric]수, 나르시시즘 수뿐만 아니라 행복수 또는 슬픔수로 분류될 수도 있다.

어떤 수를 '기분[mood]'을 기준으로 분류하기 위해, 각 자리의 숫자를 각각 제곱한 다음 모두 더해보자. 이 과정을 계속 반복하면 결국 1이 되거나 또는 여러 수가 되풀이되면서 순환 고리를 형성하는 것을 알 수 있다. 여러 수가 순환 고리를 형성하는 수를 '불행수'라 하고, 결국 1이 되는 수를 '행복수'라고 한다.

예를 들어 28은 행복수다. $2^2 + 8^2 = 68$, $6^2 + 8^2 = 100$, $1^2 + 0^2 + 0^2 = 1$이기 때문이다. 1000 이하의 소수 중에는 143개의 행복수가 있고, 500 이하의 소수 중에는 23개의 행복수가 있다.

큰 수를 살피다 보면 연속한 다섯 개의 수 44488, 44489, 44490, 44491, 44492가 행복수임을 알게 될 것이다. 행복수는 무수히 많다. 소수 중 가장 큰 것으로 알려진 행복수는 메르센 소수 $2^{42643801} - 1$이다.

영국의 사이파이[sci-fi] TV 쇼 〈Doctor Who called '42'〉의 한 회에서, 네 개의 행복수(313, 331, 367, 379)가 별과 충돌 위기에 놓인 우주선의 출입문 비밀번호로 이용되었다. 행복수가 무엇인지를 알고 있는 동료가 아무도 없다는 것을 알게 된 박사는 "요즘은 레크리에이션 수학을 가르치지 않나요?"라고 말하며 상황을 정리했다.

65,537

65537각형의 변의 수

앞에서 다각형이 2차원 평면도형(36쪽 참조)이라는 것에 대해 알아보았다. 다각형은 '작도 가능한' 도형이다. 작도 가능한 도형이란 컴퍼스와 눈금 없는 자로 그릴 수 있는 도형을 말한다. 예를 들어 정삼각형, 정사각형, 정오각형은 작도 가능하지만, 정칠각형과 정구각형은 작도 불가능하다.

그 이유는 무엇일까? 또 변의 수가 훨씬 더 많은 다각형에 대해서는 어떨까? 독일의 수학자 카를 프리드리히 가우스(70쪽 참조)는 이 분야에 매력을 느끼고 그 답을 찾기 시작했다. 1796년, 가우스는 정십칠각형이 작도 가능하다는 것을 증명했다. 1801년경에는 임의의 정 n각형이 작도 가능한지 아닌지를 결정하는 규칙을 찾아냈다고 생각했다. 그러나 이런 생각이 증명된 것은 1837년 프랑스 수학자 피에르 방첼^{Pierre} ^{Wantzel}에 의해서였다. 이런 이유로, 그 결과를 가우스-방첼 정리라고 한다. 이 정리에 따르면, 2의 거듭제곱 배수 각형, 페르마 소수만큼의 변을 가진 정다각형, 2의 거듭제곱과 페르마 소수를 곱한 값만큼의 변을 가진 정다각형은 작도 가능하다.

현재 존재하는 것으로 알려진 페르마 소수(96쪽 참조)는 3, 5, 17, 257, 65537의 다섯 개뿐이다. 이에 따라 가우스의 정십칠각형은 $17=2^0 \times 17$이므로 작도 가능하다. 마찬가지로 65537각형의 경우도 $65537=2^0 \times 65537$이므로 작도 가능하다. 이 다각형은 변의 개수가 너무 많은 탓에 원과 거의 구분이 되지 않을 정도다. 원과 비교할 때 단지 10억분의 15만큼의 차이가 있을 뿐이다.

▼ 가우스-방첼 정리에 따르면, 65537각형은 컴퍼스와 눈금 없는 자로 작도할 수 있다. 이 65537각형은 거의 원과 구분되지 않을 정도로 원에 가까운 모양의 다각형이다.

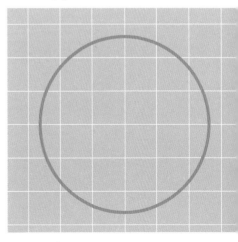

85,900

순회 외판원 문제에 관해
2006년에 해결한 도시 수

오늘날은 점점 더 시간이 돈이 되는 시대가 되어가고 있다. 무언가를 빨리 하면 할수록, 더 많은 것을 얻기 위한 기회도 더 많아진다. 상품 배달을 할 때 특히 그렇다. 각 상품을 빨리 배달하면 할수록, 하루에 더 많은 상품을 배달할 수 있으며 더 많은 돈을 벌 수도 있을 것이다.

이를 위해 현명한 배달원(또는 고용주)이라면 최적의 배달 경로를 탐색할 것이다. 이때 그 경로는 상품을 배달한 뒤 출발한 곳으로 최단 거리로 되돌아오는 경로이다. 그런 경로를 찾는 것을 수학에서는 '순회하는 외판원 문제'라고 한다. 이것은 방문 판매원들 또한 배달원들과 유사한 상황에 직면해 있다는 것을 의미한다. 처음 문제가 제기된 것은 19세기까지 거슬러 올라가며, 당시에는 '메시지 전달자 문제messenger problem'라고 했다. 이 문제를 오늘날 사용하는 판매원 문제라고 이름 붙인 것은 1930년대 미국의 수학자 해슬러 휘트니Hassler Whitney였다.

이것은 '최적화' 문제의 한 예로, 최적의 경로가 무엇인지를 묻는 것이다. 처음 이 문제를 접하면 '일일이 나열'해보는 방법을 택할 수도 있다. 모든 가능한 경로를 나열한 다음에 가장 빠른 것을 선택할 것이다. 그러나 생각보다 그렇게 간단한 문제가 아니다. 여러분이 택배 기사라고 해보자. 하루에 열 개의 택배를 배달하며 각 배달 장소 사이의 최단 경로를 찾으려고 한다면 여러분이 열 곳을 모두 방문하기 위해 갈 수 있는 서로 다른 전체 경로의 수는 $(10-1)! = 9!$ 또는 362,880가지가 된다. 1초에 한 개의 경로를 점검한다 하더라도, 최적의 경로를 확인하기까지는 약 100시간이 걸릴 것이다.

일일이 나열해보는 방법은 이제 그만!

모든 가능한 경로를 일일이 나열하여 답을 얻는 방법을 개선시킨 방법 중 하나가 헬드-카프$^{\text{Held - Karp}}$ 알고리즘이다. 이 알고리즘으로 $n^2 2^n$ 단계를 거쳐 n개 지역을 방문하는 문제를 해결했

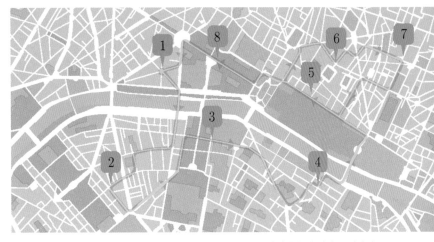

▲ 수학자들은 순회하는 외판원 문제의 해법에 대해 일일이 나열하는 것보다 더 좋은 방법을 제시할 수는 있지만, 최적의 해를 찾는 방법은 제시하지 못하고 있다.

다. 10개 지역을 방문하는 문제의 경우에는 $10^2 \times 2^{10} = 100 \times 1024 = 102,400$단계를 거치면 된다. 전부 확인해보는 방법이 3배 이상 더 많다.

그러나 이 문제에 대한 수학적 해법은 없다. 어떤 식도 최적의 경로를 제시하지는 못한다. 수학자들은 이 외판원 문제를 NP-hard 문제라고 부른다. NP-hard 문제는 외판원 문제와 같이 모든 경우의 수를 전부 확인해보는 방법 이외에는 정확한 답을 구할 뾰족한 수가 없는(즉 적당한 알고리즘이 존재하지 않는) 문제들을 말한다. 이 문제는 클레이 수학 연구소가 처음으로 해결한 사람에게 100만 달러의 상금을 건 일곱 문제 중 하나다(15쪽 참조).

문제의 난해함을 고려할 때, 항상 최적의 경로를 찾을 필요는 없다. 최적해의 다섯 번째 또는 10% 이내의 경로를 찾는 것이 충분할 때도 있다. 특히 문제를 해결하기 위해 필요한 컴퓨터 전원 공급 비용이 보다 거리가 줄어든 경로를 통해 절감한 비용을 상쇄시키는 경우가 그렇다. 요즘에는 컴퓨터 알고리즘으로 수백만 개 지역을 방문하는 순회 외판원 문제에 대하여 최적해의 몇 퍼센트 이내에 해당하는 답을 찾을 수 있다. 지금까지 가능한 최고의 해를 가장 많이 찾아낸 가장 많은 도시에 대한 기록은 8만 5900개이다. 이것은 2006년 미국의 수학자 윌리엄 쿡$^{\text{William Cook}}$이 이끄는 팀에 의해 이루어진 것이다.

142,857

순환수의 순환마디만

0이 포함되지 않은 순환수는 142,857뿐이다. 142,857이 순환하는 이 유를 알아보기 위해, 이 수에 7의 배수가 아닌 임의의 수를 곱한 다음, 이 값의 마지막 여섯 자리 수와 이 수를 제외한 나머지 수를 더해보자. 그 값은 아마도 142,857의 모든 여섯 자리 숫자들로 이루어진 어떤 수가 될 것이다.

예를 들어 142,857에 101을 곱해 확인해보자. 142,857에 101을 곱하면 142,857×101=14,428,557이다. 이제 마지막 여섯 자리의 수 428,557과 이 수를 제외한 나머지 수 14를 더하면 428,571이 된다. 428,571을 살펴보면 재배열하여 142,857을 만들 수 있음을 알 수 있다.

혹시 101을 선택했기 때문이라고 생각한다면 이번에는 2531을 곱해 확인해보자. 142,857×2,531=361,571,067이다. 마찬가지로 마지막 여섯 자리의 수 571,067과 이 수를 제외한 나머지 수 361을 더하면 571,428이 된다. 이 수 또한 재배열하면 142,857을 만들 수 있다.

이제 이와 같은 계산이 가능한 이유와 7의 배수를 곱하면 위의 경우처럼 계산이 되지 않는 이유를 알아보자. 거기에는 분수 $\frac{1}{7}$이 관련되어 있다. $\frac{1}{7}$을 소수로 나타내면 0.142857142857……로 순환마디가 142,857인 순환소수가 된다. 다음 분수도 소수로 나타내면 오른쪽 박스와 같다.

$$\frac{2}{7}=0.285714285714\cdots$$

$$\frac{3}{7}=0.428571428571\cdots$$

$$\frac{4}{7}=0.571428571428\cdots$$

$$\frac{5}{7}=0.714285714285\cdots$$

$$\frac{6}{7}=0.857142857142\cdots$$

각 순환마디에서 똑같은 숫자들이 자리만 바꿔가며 나타나는 것을 알 수 있다. 따라서 위의 과정에 따라 계산하면 여섯 개의 숫자들이 항상 자리만 바꿔가며 나타나게 된다. 하지만 142,857에 7을 곱하면 999,999가 되므로, 7의 배수를 곱하면 순환수가 나타나지 않는다.

1,000,000

푸앵카레 추측을 증명한
그리고리 페렐만이 거절한 상금

20세기 전환기에 다비드 힐베르트가 수학에 관한 23가지 문제를 제시한 것처럼, 현대 수학자들 또한 21세기 전환기에 새 천 년 도전 과제로 일곱 개의 수학 문제를 제시하며 높은 상금을 걸었다.

2000년, 미국 매사추세츠 주 케임브리지에 있는 클레이 수학연구소는 일곱 개의 수학 난제 각각에 100만 달러의 상금을 건 '밀레니엄 문제'를 제시했다. 일곱 가지 문제 중 하나(리만 가설)는 1세기 전 힐베르트가 제시한 문제이기도 하다.

이후 일곱 개 문제 중 하나(푸앵카레 추측)가 해결되었지만 은둔 생활을 고집하던 러시아 수학자 그리고리 페렐만$^{Grigori\ Perelman,\ 1966\sim}$은(154쪽 참조) 클레이 수학연구소의 상금을 거부했다(2010년). 그는 그 문제에 대하여 크게 기여했던 다른 수학자들을 뇌두고 자신이 인정받는 것은 불공평하다고 주장했다. 페렐만은 필즈상(137쪽 참조)을 거절하며 다음과 같이 말했다. "나는 돈과 명성에 관심이 없다. 동물원의 동물들처럼 주목받길 원하지 않는다." 페렐만이 증명했던 푸앵카레 추측은 구에 관한 것이다.

1904년, 프랑스의 수학자 앙리 푸앵카레는 위상에 관한 연구를 하면서 하나의 추측을 했다. 한 도형에 대하여 구멍의 개수를 변화시키거나 도형을

▼ 앙리 푸앵카레는 1904년 임의의 4차원 도형이 4차원 구와 위상 동형임을 주장했다.

잘라 그 일부를 뒤에 붙이지 않고 모양을 변형하여 다른 도형을 만들 수 있을 때, 두 도형은 위상적으로 같은 도형이라고 한다. 예를 들어 정사각형은 네 개의 변을 조절하여 삼각형을 만들 수 있으므로 정사각형과 삼각형은 위상동형이다. 하지만 구와 도넛 모양의 경우에는 구를 납작하게 한 다음 가운데에 구멍을 뚫어야 도넛 모양을 만들 수 있으므로, 구와 도넛 모양은 위상동형이 아니다. 위상학자들은 이런 도형에 관한 연구를 3차원을 넘어서는 차원까지 확장시켰다. 푸앵카레 추측은 구멍이 없는 임의의 4차원 도형이 4차원 구와 위상동형임을 주장한 것이다.

페르마의 마지막 정리에 관한 증명(138쪽 참조)과 마찬가지로, 푸앵카레 추측에 관한 증명 또한 현대 수학사에서 엄청난 위업 중 하나다. 그러나 분명한 것은 힐베르트가 제안한 23가지 문제와 클레이 수학연구소가 제안한 일곱 가지 밀레니엄 문제에 동시에 포함된 리만 가설 문제를 증명하는 것이 훨씬 더 위대한 일이 되리라는 것이다.

그리고리 페렐만

2003년, 그리고리 페렐만은 서른일곱 살 때 푸앵카레 추측에 관한 논문을 발표하여 수학계의 조명을 받았다. 수개월에 걸쳐 수학자들이 모든 직선과 방정식을 분석하면서 그의 논문을 검증한 결과, 페렐만이 실제로 해법을 완성한 것으로 판명이 났다. 이에 필즈상에서 밀레니엄상에 이르는 모든 상을 수여하려 했지만 그는 모든 상을 거절했다.

페렐만은 오늘날의 상트페테르부르크에서 태어났으며, 수학자였던 어머니는 자신의 연구를 포기하고 집에서 어린 페렐만에게 수학을 가르쳤다고 한다. 페렐만은 자신의 연구가 옳은 것으로 판명된 후 세간의 이목을 뒤로한 채 어머니와 함께 살기 위해 고향으로 돌아간 것으로 여겨진다. 현재 그가 여전히 수학에 대해 연구하고 있는지에 대해서는 알 수 없다.

소수와 리만 제타 함수

독일의 수학자 베른하르트 리만$^{\text{Bernhard Riemann, 1826~}}$ ^{1866}의 이름을 따서 붙인 리만 가설은 소수의 분포에 관한 것이다. 수학자들은 모든 소수를 찾을 수 있는 방정식을 만들려는 시도를 해왔다. 그 결과, 일부 소수를 찾는 식을 만드는 데 성공하기도 했다. 이를테면 밀스 상수(14쪽 참조)와 페르마의 추측(96쪽 참조)에 따라 일부 소수를 구하기도 했다.

▲ 베른하르트 리만은 어떤 소수들의 숨겨진 비밀을 발견하고 리만 가설을 세웠다.

1859년, 리만은 '제타 함수'라는 수학 분야를 연구하고 있었다. 함수는 한 수를 다른 수로 바꾸는 수학 기계라고 할 수 있다. 제타 함수가 아닌 예로 $y = x^2 + 1$을 들 수 있다. 이 함수는 1을 2로, 2를 5로 바꾼다.

리만은 제타 함수의 값이 0이 되도록 하는 변수의 값에 대하여 흥미로운 점이 있다는 것을 알아차렸다. 그래프 위에 그것들을 점으로 찍어 나타내면, 모든 점이 같은 직선 상에 있었던 것이다. 이것은 곧 연구를 계속 진행하면 심오한 무언가가 있을 것이라는 방증이었다.

리만은 이들 0을 만드는 변수와 소수 사이에 어떤 관계가 있다는 것을 알아냈다. 이에 따라 변수에 어떤 순서가 있으면 소수에도 숨겨진 순서가 있을 것이라고 추측했다. 따라서 리만 가설은 제타 함수의 값이 0이 되는 변수의 모든 값(그가 이미 알고 있던 몇몇 예외가 되는 값을 제외하고)이 그 직선 상에 나타난다는 것이다.

오늘날 컴퓨터를 사용하여 제타 함수의 값이 0이 되도록 하는 수십 억 개의 입력값을 찾고 그 값들이 모두 같은 직선 상에 있다는 것을 알아냈다. 그러나 이것으로 모든 변수의 값이 같은 직선 상에 있음을 증명한 것은 아니다.

4,937,775

최초로 발견한 스미스 수

수학자들은 때때로 전혀 예상치 못한 곳에서 영감을 얻는 경우가 있다. 라마누잔과 하디가 택시 번호에서 영감을 얻은 것처럼(116쪽 참조), 미국의 수학자 앨버트 윌란스키Albert Wilansky는 전화번호부에서 어떤 성질을 발견했다.

처남 해럴드 스미스와 연락하고 싶었지만 스미스의 전화번호를 가지고 있지 않았던 윌란스키는 전화번호부에서 번호를 찾아 메모장에 493-7775라고 적었다. 나중에 그는 이 수가 특별한 성질을 가지고 있다는 것을 발견했다. 이 수를 소인수분해했을 때, 소인수들의 각 자리의 숫자의 합이 처음 수의 각 자리의 숫자의 합과 같았던 것이다.

해럴드 스미스의 전화번호는 윌란스키가 찾아낸 첫 번째 스미스 수이지만, 더 작은 스미스 수도 있다.

스미스 수가 가지고 있는 특성을 알아보기 위해, 크기가 작은 스미스 수를 예로 들어보자. 58을 소인수분해하면 2×29다. 이때 $2+2+9=5+8=13$이므로 58은 스미스 수다. 또 265도 스미스 수다. 265를 소인수분해하면 5×53이다. 이때 $5+5+3=2+6+5=13$이다.

스미스의 전화번호를 확인하기 위해 소인수분해하면 $3 \times 5 \times 5 \times 65,837$이다.

이때 $3+5+5+6+5+8+3+7=4+9+3+7+7+7+5=42$다.

381,654,729

처음 n개의 숫자로 구성한 수가
n으로 나누어떨어지는 팬디지털 수

이 수는 매우 흥미로운 몇 가지 특성을 가지고 있다. 예를 들어 1에서 9까지의 모든 수를 한 번씩 사용하여 나타낸 아홉 자리의 수인 팬디지털$^{pan-digital}$ 수다. 그러나 보다 자세히 살펴보면 훨씬 더 신기한 특성을 찾을 수 있다.

이 수를 앞에서부터 시작하여 3, 381, 381,654와 같이 몇 개의 숫자를 덜어내어 또 다른 수를 만들 때, 새롭게 만든 수가 이 수를 구성하고 있는 숫자들의 개수로 나누어떨어진다.

예를 들어 첫 번째 숫자 3은 1로 나누어떨어지며, 처음 두 개의 숫자로 구성된 38은 2로 나누어떨어진다. 오른쪽 표는 새롭게 구성한 수에 위의 규칙을 적용한 내용을 정리한 것이다.

새로운 수(N)	새로운 수를 구성하고 있는 숫자들의 개수(A)	$\dfrac{N}{A}$
3	1	3
38	2	19
381	3	127
3,816	4	954
38,165	5	7,633
381,654	6	63,609
3,816,547	7	545,221
38,165,472	8	4,770,684
381,654,729	9	42,406,081

이것은 가장 흥미로운 팬디지털 수임이 분명하지만, 위 아홉 개의 수 외에도 또 다른 새로운 수를 더 많이 만들 수 있다. 아홉 자리의 팬디지털 수의 총 개수는 아홉 개의 물건을 서로 다른 방법으로 나열하는 방법의 수와 같다. 즉 $9! = 9 \times 8 \times 7 \times 6 \times 5 \times 4 \times 3 \times 2 \times 1 = 362,880$개다.

18,446,744,073,709,551,615
체스판 문제의 쌀알 수

쌀알과 체스판 문제는 매우 오래된 문제다. 이 문제에 대한 가장 오래된 기록은 1000년보다 더 오래전 피르다우시^{Firdawsī, 935~1025}가 쓴 페르시아어 시에서 찾아볼 수 있다. 그 문제와 관련된 이야기를 정리하면 다음과 같다.

고대 왕국의 관대하고 공평하기 이를 데 없는 왕이 세상을 떠났다. 그는 왕위에 있는 동안 결코 사치와 허영을 부리지 않았다. 하지만 왕위에 오른 그의 아들은 세상을 떠난 아버지와 달리 돈을 펑펑 썼다. 제멋대로 행동하는 새 옥좌의 주인에게 놀란 선왕의 충직한 신하는 새로운 왕에게 어떤 교훈을 주기로 마음먹었다.

그때 왕은 새로운 시합을 만들면서 이기는 사람에게 원하는 것은 무엇이든 상으로 주겠다고 공표했다. 지혜로운 신하는 시합에서 이기자 체스판의 첫 번째 칸에 먼저 쌀알 한 알을 놓고, 내일부터 매일 바로 그 전날 놓은 쌀알 개수보다 두 배 많은 쌀알을 놓아달라고 했다. 즉 처음 칸에는 한 알, 다음 칸에는 두 알, 그다음 칸에는 네 알…… 언뜻 보기에 하찮아 보이는 신하의 요구에 젊은 왕은 흔쾌히 허락했다 그런데 그것은 그야말로 어리석은 판단이었다. 64일째 되

▼ 체스판에 놓아야 할 쌀알의 엄청난 양을 나타냈다.

K=1천   M=백만
G=10억   T=1조
P=1경   E=100경

							128
256	512	1024	2048	4096	8192	16384	32768
66536	131K	262K	524K	1M	2M	4M	8M
16M	33M	67M	134M	268M	536M	1G	2G
4G	8G	17G	34G	68G	137G	274G	549G
1T	2T	4T	8T	17T	25T	70T	140T
281T	562T	1P	2P	4P	9P	18P	36P
72P	144P	288P	576P	1E	2E	4E	9E

던 날, 왕은 선왕이 아꼈던 18,446,744,073,709,551,615알의 엄청난 양의 쌀을 빚지고 말았다. 이 쌀을 쌓으면 에베레스트 산도 작아 보일 정도로 어마어마하며, 오늘날 매년 생산되는 쌀보다 1000배가 많은 양이다. 이와 같은 실수는 수학의 엄밀함이 아닌 직관을 믿을 때 언제든 발생할 수 있다. 젊은 왕이 등비급수를 정확히 알고 있었더라면 신하의 꾀에 넘어가지 않았을 것이다.

수학의 힘

쌀알의 전체 개수 T를 계산해보기로 하자.

$$T = 1 + 2 + 4 + 8 + 16 + \cdots$$

식의 각 항의 값 1, 2, 4, 8, 16……은 서로 이웃하는 각 항 사이에 일정한 비율(이 경우는 2다)이 존재하는 등비수열이다. 등차수열은 1, 2, 3, 4, 5……와 같이 각 항의 값이 바로 앞의 항에 일정한 양을 더하여 만들어지는 것을 말한다.

쌀알 문제의 등비수열의 합 T를 2의 거듭제곱들의 합으로 나타낼 수도 있다.

$$T = 2^0 + 2^1 + 2^2 + 2^3 + 2^4 + \cdots$$

여기서 모든 항을 다 써서 나타내지 않고, 기호 Σ를 사용하여 간단히 나타낼 수 있다. 이때 Σ는 그리스 알파벳의 한 문자다.

$$\sum_{i=0}^{63} 2^i$$

Σ는 모든 항을 더한다는 것을 뜻하며, 각 항은 간단히 2^i로 나타낸다. Σ 아래에 쓰인 것은 $i = 0$부터 시작한다는 것을 말하고, 위의 식은 0부터 시작하여 Σ 위에 쓰인 63까지의 수를 2^i의 i에 대입하여 더한다는 것을 의미한다. 따라서 64칸인 체스판의 첫 번째 항이 1이 되도록 하기 위해 0부터 시작한다.

357,686,312,646,216,567,629,137
가장 큰 절단 가능 소수

절단 가능 소수는 주어진 수의 가장 오른쪽 또는 가장 왼쪽 자릿수부터 숫자를 하나씩 제거할 때 만들어지는 수들로 모두 소수가 되는 소수를 말한다. 이때 처음 주어진 수의 각 자리에는 0이 포함되어 있지 않다. 주어진 수에 대하여 가장 왼쪽 자릿수부터 제거할 때 위의 조건을 만족하는 소수를 왼쪽 절단 가능 소수라 하고, 가장 오른쪽 자릿수부터 제거할 때 위의 조건을 만족하는 소수를 오른쪽 절단 가능 소수라 한다.

예를 들어 소수 2,339에 대하여 가장 오른쪽 자리 수 9를 제거한 233 또한 소수다. 이 수(233)에 대하여 가장 오른쪽 자릿수 3을 제거한 23 또한 여전히 소수다. 한 번 더 이 과정을 거치면 2가 남게 되며, 2 또한 소수다. 따라서 2,339는 오른쪽 절단 가능 소수다. 오른쪽 절단 가능 소수는 모두 83개가 있으며 이 중에서 가장 큰 오른쪽 절단 가능 소수는 73,939,133이다.

왼쪽 절단 가능 소수는 모두 4,260개가 있으며 오른쪽 절단 가능 소수에 비해 상당히 많다. 이 중에서 가장 큰 왼쪽 절단 가능 소수는 357,686,312,646,216,567,629,137이다.

왼쪽과 오른쪽의 어느 쪽 자릿수부터 숫자를 제거하는지에 상관없이 여전히 소수가 되는 양방향 절단 가능 소수는 모두 15개로 가장 큰 수는 739,397이다. 가장 왼쪽 자릿수부터 숫자를 하나씩 제거한 것은 39,397, 9,397, 397, 97, 7이고, 가장 오른쪽 자릿수부터 숫자를 하나씩 제거한 것은 73,939, 7,393, 739, 73, 7로 이 수들도 모두 소수다.

10^{100}

구골

구글^{Google}은 오늘날 우리의 생활과 매우 밀접하게 관련되어 있는 단어다. 구글은 세계에서 가장 유명한 회사 중 하나인 동시에 인터넷 정보 검색을 위한 형용사이기도 하다. 이 명칭 또한 수학에서 영감을 받아 정해진 것이다. 구골^{googol}은 1 뒤에 0이 100개 달린 수로, 아홉 살 소년이 지은 이름이다. 1920년, 미국의 수학자 에드워드 캐스너$^{Edward\ Kasner}$가 그의 조카 밀턴 시로타$^{Milton\ Sirotta}$와 대화를 하던 중 조카에 의해 수의 이름이 지어졌다. 캐스너는 1940년 《수학과 상상》에서 그 용어를 정의하고 그 명칭을 사용했다.

구글의 창업자인 래리 페이지와 세르게이 브린$^{Sergey\ Brin}$이 새로운 인터넷 검색 엔진에 어울리는 이름으로, 프로젝트의 명칭인 백럽^{BackRub}보다 더 좋은 이름을 찾던 중 그 대안으로 생각한 이름이 구골이었다. 그것은 구골이 자신들의 검색 엔진이 검색할 수 있는 방대한 데이터와 마찬가지로 매우 큰 수였기 때문이다. 그러나 철자를 잘못 적게 되는 우연을 통해 구글이라는 이름이 탄생했다. 스탠퍼드 대학 동료인 숀 앤더슨$^{Sean\ Anderson}$이 google.com이 이미 사용되고 있는지를 알아보기 위해 검색하는 과정에서 타이핑을 잘못했다고 한다.

우리는 현재 어마어마하게 큰 수의 영역으로 이동하고 있으며, 그들 수의 크기를 천문학적 규모라는 말로 비유하여 받아들이고 있다. 예를 들어, 1부터 구골까지 다 세기 위해서는 아마도 현재의 우주 나이보다 훨씬 긴 시간이 걸릴 것이다.

$2^{21,701}-1$

25번째 메르센 소수

소수를 찾는 것은 일류 대학교의 잘나가는 교수들만의 영역은 아니다. 1978년 11월 4일 18세의 미국 고등학생 두 명이 25번째 메르센 소수 $2^{21701}-1$을 발견했다고 뉴스에 발표되었다. 그 당시로서는 가장 큰 소수였다. 이 소수는 무려 6,533자리의 수로, 이 소수를 발견한 두 학생은 가장 나이가 적은 메르센 소수 발견자로 기록되기도 했다. 그들의 최대 소수 발견은 TV를 통해 미국 전역에 소개되었으며, 《뉴욕타임스》1면을 장식했다.

로라 니켈^{Laura Nickel}과 랜던 커트 놀^{Landon Curt Noll, 1960~}은 메르센 소수에 대해 연구하고 캘리포니아 대학교의 수학과에서 정보를 얻었다. 그들은 여유시간에 그곳의 컴퓨터를 사용하여 메르센 소수를 찾기 위해 무려 440시간 동안 프로그램을 돌렸다. 그들이 발견한 수가 실제로 소수라는 것을 증명하기까지도 3년이라는 시간이 걸렸다.

▲ 랜던 커트 놀은 18살에 메르센 소수를 발견했다.

니켈과 놀은 이 소수를 발견한 이후 공동 연구를 그만두었지만, 놀은 소수 찾기를 멈추지 않았다. 그 결과 같은 방법으로 26번째 메르센 소수인 $2^{23209}-1$을 발견했다. 이 소수는 자그만치 13,395자리의 수다. 놀은 메르센 소수 공동프로젝트(GIMPS)와 연계하여 앞으로의 소수 발견 기록을 세우는 데 도움을 주고 있는 실리콘 그래픽스사에 입사했다.

$2^{74,207,281}-1$

최근까지 알려진 가장 큰 소수

2016년까지 수학계에 알려진 가장 큰 소수는 $2^{74,207,281}-1$이다. 이 소수는 무려 22,338,618자리의 수다. 각 자리의 숫자를 초당 1개씩 읽어, 끝까지 다 읽게 되면 9개월 이상이 걸릴 것이다.

2015년 1월 17일, 49번째 메르센 소수가 센트럴 미주리 대학의 커티스 쿠퍼Curtis Cooper 교수에 의해 발견되었다. 그는 메르센 소수 공동프로젝트(GIMPS)의 소속으로 자신의 컴퓨터에 깔린 소프트웨어를 사용하여 발견한 것이었다. GIMPS는 수많은 개인용 컴퓨터를 인터넷으로 연결하여 메르센 소수를 찾아내는 프로젝트다. 당시 쿠퍼 교수는 잠시 사용을 멈춘 컴퓨터들의 여유 동력을 사용할 수 있도록 한 시스템을 통해 36만 대의 컴퓨터 프로세서를 연결하여 초당 150조 회의 연산을 함으로써 발견할 수 있었다. GIMPS에서는 현재 세계에서 가장 강력한 컴퓨터 시스템을 갖춘 상위 500대의 컴퓨터가 연결되어 있다. 만일 여러분의 컴퓨터로 새로운 소수를 찾게 되면 5만 달러의 상금을 받을 가능성이 있다. 일렉트로닉 프론티어 재단에서는 10억 자리 이상의 소수를 찾은 단체나 개인에게 25만 달러의 상금을 수여할 예정이다.

GIMPS는 1996년에 시작되었으며, 미국의 컴퓨터 과학자 조지 울트만George Woltman이 제창했다. 이 프로젝트가 시작된 이래 12개 이상의 메르센 소수가 발견되었으며, 이 중 여러 개가 발견된 당시에 가장 큰 소수였다. 이 프로젝트에서는 찾은 수가 소수인지 아닌지를 결정하는 뤼카–레머 소수 판정법을 사용하고 있다(91쪽 참조).

$10^{10^{10^{34}}}$

스큐스 수

지금까지 수학자들이 소수를 만드는 방법 및 소수가 생성되는 규칙 등 소수에 사로잡혀 있다는 것을 알게 되었을 것이다. 영국의 수학자 고드프리 하디(116쪽 참조)가 "수학에서 어떤 일정한 목적으로 사용되는 가장 큰 수"라고 설명한 어떤 수가 소수와 관련 있다는 것은 그리 놀랄 일이 아니다. 하디가 설명한 그 수가 바로 스큐스 수$^{\text{Skewes' number}}$다.

스큐스 수와의 관련성을 알아보기 위해, 먼저 소수의 분포에 대해 살펴보아야 한다. 수학자들은 소수들의 개수가 어떤 수보다 작거나 같다는 것을 기호를 사용하여 나타낸다. 예를 들어 소수들의 개수가 100보다 작거나 같을 때 $\pi(100)=25$와 같이 나타낸다. 이 경우에 π는 단지 하나의 기호에 불과하며, 원과는 전혀 관계가 없다.

문제는 $\pi(x)$가 x에 여러 값을 대입할 때 정확하게 $\pi(x)$의 값이 존재하는 수학적 함수가 아니라는 것이다. 카를 프리드리히 가우스(70쪽 참조)는 이것에 매우 근사한 함수 $li(x)$를 생각해냈다(110쪽 참조). 이 함수는 자연로그(104쪽 참조)와 관련된 적분 함수다. x의 값이 클수록 $li(x)$는 $\pi(x)$에 점점 더 가까워진다. 그러나 오랜 연구 끝에 항상 $li(x)$가 $\pi(x)$보다 약간 초과하면서 가까워지는 것으로 간주되었다. 즉 한 좌표평면 위에 두 개의 함수를 점으로 찍어 나타내면, $li(x)$를 나타내는 선이 살짝 높게 그려지며 또 두 선은 전혀 만나지 않는다.

그런데 1914년 영국의 수학자 존 리틀우드$^{\text{John Littlewood}}$가 두 선이 어떤 점에서 교차한다는 것을 증명했다. 실제로는 두 선이 무한 번 교차한다는 것을 증명한 것이다. 그러나 리틀우드는 두 선이 교차하는 첫

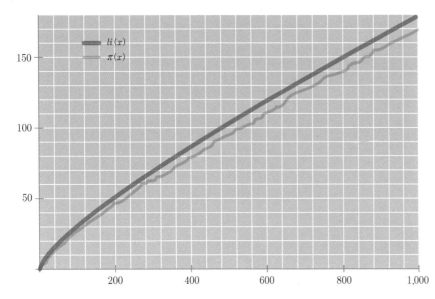

▲ 함수 $li(x)$의 값은 항상 $\pi(x)$ 보다 약간 큰 근삿값으로 생각되었지만, 스탠리 스큐스는 두 선이 서로 만나는 점을 알아냈다.

번째 점의 x값을 제시하지는 못했다. 그것을 제시한 사람은 리틀우드의 제자로, 1933년 남아프리카공화국의 수학자 스탠리 스큐스[Stanley Skewes]였다. 스큐스는 리만 가설이 참이라는 조건하에 그것을 증명했다(153쪽 참조).

그는 오일러 수 e에 대하여 x의 값이 $e^{e^{e^{79}}}$ 이하의 수에서 $\pi(x)$와 $li(x)$이 교차하는 순간이 있다는 것을 증명했다. 두 선이 교차하는 x의 값은 약 $10^{10^{10^{34}}}$에 근접한다. 이 값은 우주에 있는 모든 단일 원자들을 잉크로 만들어 이 수를 종이에 쓴다 하더라도 다 쓸 수 없을 만큼 매우 큰 수다. 실제로 우리 우주의 구골 배, 구골의 구골제곱 배, 구골의 구골제곱의 구골제곱 배 속에 들어 있는 원자들로도 충분치 않을 것이다. 펜으로 스큐스 수를 모두 적을 만큼의 충분한 원자가 포함될 우주의 수를 알기 위해서는 googol이라는 단어를 10^{31}배만큼 써야 할 것이다.

1955년 스큐스는 리만 가설이 참임을 알 수 없을 때의 이 상한값을 구했다. 이 경우에는 상한값은 $e^{e^{e^{e^{7.705}}}}$ 또는 $10^{10^{10^{964}}}$이다. 이 수가 거대 수라고 충분히 말할 수도 있지만, 다음 수만큼 큰 것은 아니다.

기본 수가 $3\uparrow\uparrow\uparrow\uparrow3$

그레이엄 수

이제 세계에서 가장 큰 수로 한때 기네스북에 올랐던 수를 만나보기로 하자. 이 수는 너무 거대한 나머지 이 책에서 소제목으로 깔끔하게 쓸 수 없는 유일한 수다. 미국의 수학자 로널드 그레이엄$^{Ronald\ Graham}$이 램지 이론$^{Ramsey\ theory}$이라는 조합론 분야를 연구하던 1970년대, 이 수를 발견하고 이름을 붙였다.

네 개의 꼭짓점이 여섯 개의 선으로 연결된 정사각형을 생각해보자. 이때 선들을 두 가지 색(빨간색과 파란색)으로 칠할 때, 모든 선이 한 가지의 단색이 되지 않도록 그릴 수 있을까? 당연히 그릴 수 있다. 그레이엄은 이와 같은 단색의 도형(이것을 '모노크롬 크로스박스^{crossbox}'라 부르자)이 보다 높은 차원에서도 계속 나타나지 않는지에 대해 관심을 가졌다.

여덟 개의 꼭짓점이 28개의 선으로 연결된 입방체에 대하여 생각해보자. 이때 입방체 일부에서 모노크롬 크로스박스가 나타나지 않게 빨간색과 파란색으로 이들 선들을 모두 칠할 수 있을까? 이번에도 답은 그렇다이다. 이제 차원을 높여 '초입방체'를 만들어보자. 12차원까지는 언제나 모노크롬 크로스박스가 없는 초입방체를 그릴 수 있다. 13차원 초입방체에 대해서는 아직까지 결

▼ 미국의 수학자 로널드 그레이엄은 램지 이론을 연구하던 중 거대한 수를 발견했다.

론이 나지 않고 있다.

그레이엄은 모노크롬 크로스박스가 존재하게 되는 차원의 최대값을 계산했는데, 바로 그레이엄 수다. 하지만 수가 너무 커서 1976년 도널드 크누스$^{Donald\ Knuth}$는 새로운 화살표 표기법을 개발했다. 그레이엄 수의 기본수는 3↑↑↑↑3이다.

더 작은 수에서 시작해보자.

$$3{\uparrow}3=3^3=27$$
$$3{\uparrow}{\uparrow}3=3{\uparrow}(3{\uparrow}3)=3^{(3{\uparrow}3)}=3^{27}=7,625,597,484,987$$
$$3{\uparrow}{\uparrow}{\uparrow}3=3{\uparrow}{\uparrow}(3{\uparrow}{\uparrow}3)=3^{(3{\uparrow}{\uparrow}3)}=3^{7,625,597,484,987}$$

세 번째 수는 무려 3조 6000억 자리의 수가 된다. 초당 1개의 숫자를 발음하는 속도로 도중에 멈추지 않고 이 수의 모든 자리의 숫자를 다 읽으면 10만 년보다 더 오래 걸릴 것이다. 3↑↑↑↑3는 인간이 결코 상상할 수 없다고 말할 정도로 충분히 큰 수다.

3↑↑↑↑3은 그레이엄 수를 계산하는 과정을 시작하여 두 개의 3 사이에 놓이는 모든 화살표의 개수를 말한다. 3↑↑↑↑3를 계산할 때 두 개의 3 사이에 놓이는 화살표의 개수를 g_1이라 한다. g_2는 두 개의 3 사이에 g_1와 같은 수의 화살표를 놓아 계산하며, g_3는 두 개의 3 사이에 g_2와 같은 수의 화살표를 놓아 계산한다. 64단계의 과정을 진행하면 g_{64}가 된다. 이것이 바로 그레이엄 수로, 두 개의 3 사이에 g_{63}개의 화살표가 놓여 있는 수다.

무한대

무한대를 다루지 않고 완성한 수학책은 없다. 그러나 엄밀하게 말하자면, 사실 무한대는 수가 아니다. 끝없음에 대한 개념이다. 그럼에도 불구하고 무한대는 수학에서 매우 중요한 개념이다. 기호 ∞로 나타내며 '렘니스케이트^{lemniscate}'로 알려져 있기도 하다. 이 기호는 17세기 중반 영국의 수학자 존 월리스$^{John\ Wallis}$가 처음 사용했다. 그러나 무언가가 끝임없이 계속된다는 생각은 월리스보다 2000년이 넘는 이전 시기로 거슬러 올라간 고대 그리스와 인도 수학자들이 이미 했었다.

무한대에 대한 개념이 어디서 유래했는지를 알아보는 것은 쉽다. 수를 계속 세다 보면, 계속 1씩 더해가며 다른 수를 끝없이 계속 찾을 수 있다는 사실을 금방 알아차릴 것이다.

그러나 무한대의 크기가 서로 다르다는 것을 처음 듣게 되면 다소 놀랄 것이다. 1891년 독일의 수학자 게오르크 칸토어$^{Georg\ Cantor,}$ $^{1845~1918}$는 집합론이라는 수학 분야를 이용하여 이런 생각이 옳다는 것을 증명했다.

이상한 호텔

다비드 힐베르트는 다양한 크기의 무한대가 얼마나 반직관적인지를 설명하기 위해 힐베르트의 호텔이라는 유명한 비유를 생각해냈다. 무한 개의 방을 가진 호텔이 있다. 무한 개의 방이 있는 이 호텔에 무한 명의 손님들로 꽉 차 있다고 하자. 그런데 새로운 손님 한 명이 와서 방을 하나 달라고 한다. 손님이 이 호텔에 묵을 수 있을까? 유한 개의 방이 있는 보통의 호텔에서라면 손님은 분명 이 호텔에 묵을 수 없다. 그러나 힐베르트의 무한 호텔에서는 관리인이 객실로 재빠르게 올라가서 손님들에게 옆방으로 한 칸씩만 이동하라고 부탁한다. 즉 1번 방에 묵고 있는 손님을 2번 방으로, 2번 방에 묵고 있는 손님을 3번 방으로 옮기는 방법을 반복하여 새로운 손님이 묵을 방을 만들어낸다. 호텔의 방들이 무한히 많기 때문에, 모든 사람이 이 호텔에 묵을 수 있으며, 새로운 손님은 1번 방으로 들어가면 된다.

무한 명의 사람들이 숙박할 곳을 찾는다면 어떨까? 간단하다. 현재 각 방에 묵고 있는 모든 손님들을 현재 방 번호의 두 배가 되는 방으로 옮기도록 하면 된다. 즉 1번 방에 묵고 있는 손님을 2번 방으로, 2번 방에 묵고 있는 손님을 4번 방으로, 3번 방에 묵고 있는 손님을 6번 방으로 옮기도록 한다. 그러면 단박에 홀수 번호의 방들이 모두 비어 무한 명의 새로운 손님들이 이 호텔에 묵을 수 있게 된다.

게오르크 칸토어

집합론 연구로 유명한 게오르크 페르디난트 루트비히 필리프 칸토어는 러시아에서 태어나 열한 살 때 독일로 이사했다. 여섯 명의 자녀 가운데 맏이였던 칸토어는 나중에 발리 구트만과 결혼하여 여섯 명의 자녀를 두었다.

스위스에서 휴가를 보내던 중 독일의 수학자 리하르트 데데킨트 Richard Dedekind를 만나 매우 친한 사이가 되었다. 칸토어보다 열네 살 많은 데데킨트는 칸토어에게 영감을 준 많은 내용을 증명했다.

집합론에 대한 그의 연구는 오늘날 매우 유명하지만, 당시에는 추상적이고 반직관적인 탓에 당대 많은 수학자들이 그의 이론을 거부했다. 푸앵카레 추측으로 유명한 앙리 푸앵카레는 데데킨트의 생각을 'grave disease'라 말하기도 했다.

칸토어는 1884년 우울증에 빠져 병원에 입원하기도 했다. 1913년에 은퇴한 뒤 1918년 1월 6일, 요양원에서 세상을 떠났다.

참고도서

Bellos, Alex. *Alex Through the Looking Glass: How Life Reflects Numbers, and Numbers Reflect Life*. Bloomsbury Paperbacks, 2015.

Bellos, Alex. *Alex's Adventures in Numberland*. Bloomsbury Paperbacks, 2011.

Birch, Hayley, Mun-Keat Looi, and Colin Stuart. *The Big Questions in Science: The Quest to Solve the Great Unknowns*. Andre Deutsch, 2013.

Brown, Richard. 30–*Second Maths: The 50 Most Mind–Expanding Theories in Mathematics, Each Explained in Half a Minute*. Icon Books, 2012.

Cheng, Eugenia. *Cakes, Custard and Category Theory: Easy Recipes for Understanding Complex Maths*. Profile Books, 2015.

Clegg, Brian. *Brief History of Infinity: The Quest to Think the Unthinkable*. Robinson, 2003.

Devlin, Keith. *The Millennium Problems: The Seven Greatest Unsolved Mathematical Puzzles of Our Time*. Basic Books, 2003.

du Sautoy, Marcus. *The Music of the Primes: Why an Unsolved Problem in Mathematics Matters*. Harper Perennial, 2004.

Eastaway, Rob, and John Haigh. *Beating the Odds: The Hidden Mathematics of Sport*. Robson Books, 2007.

Eastaway, Rob, and Jeremy Wyndham. *Why Do Buses Come in Threes: The Hidden Mathematics of Everyday Life*. Robson Books, 2003.

Ellenburg, Jordan. *How Not to be Wrong: The Hidden Maths of Everyday Life*. Penguin, 2015.

Euclid. *Euclid's Elements*. Green I ion Press, 2002.

Glendinning, Paul. *Maths in Minutes: 200 Keys Concepts Explained in an Instant*. Quercus, 2012.

Mlodinow, Leonard. *Euclid's Window: The Story of Geometry from Parallel Lines to Hyperspace*. Penguin, 2003.

Parker, Matt. *Things to Make and Do in the Fourth Dimension*. Penguin, 2015.

Seife, Charles. *Zero: The Biography of a Dangerous Idea*. Souvenir Press, 2000.

Singh, Simon. *Fermat's Last Theorem: The Story of a Riddle that Confounded the World's Greatest Minds for 358 Years*. Fourth Estate, 2002.

Singh, Simon. *The Simpsons and Their Mathematical Secrets*. Bloomsbury Paperbacks, 2014.

Stewart, Ian. *Seventeen Equations that Changed the World*. Profile Books, 2013.

Strogatz, Steven. *The Joy of X: A Guided Tour of Mathematics from One to Infinity*. Atlantic Books, 2013.

Tammet, Daniel. *Thinking in Numbers: How Maths Illuminates Our Lives*. Hodder Paperbacks, 2013.

Wells, David. *The Penguin Dictionary of Curious and Interesting Numbers*. Penguin, 1997.

웹사이트

Alex Bellos's Puzzles
www.theguardian.com/profile/alexbellos

American Mathematical Society www.ams.org

Ars Mathematica www.arsmathematica.net

Clay Mathematics Institute www.claymath.org

Famous mathematicians
www.famous-mathematicians.com

Institute of Mathematics and its Applications
www.ima.org.uk

International Mathematical Union
www.mathunion.org

MacTutor History of Mathematics archive
www-history.mcs.st-and.ac.uk

Math Central mathcentral.uregina.ca

Math TV www.mathtv.com

Maths Careers www.mathscareers.org.uk

Mathscasts www.sites.google.com/mathscasts

Mathway www.mathway.com

NRich www.nrich.maths.org

Numberphile www.numberphile.com

Plus plus.maths.org

TED www.ted.com/topics/math

The Abel Prize www.abelprize.no

The European Mathematical Society
www.euro-math-soc.eu

The Fields Medal
www.mathunion.org/general/prizes/fields

The London Mathematical Society
www.lms.ac.uk

The Operational Research Society
www.theorsociety.com

The Royal Statistical Society www.rss.org.uk

What's special about this number?
www.stetson.edu/~efriedma/numbers.html

Wolfram Alpha www.wolframalpha.com

과학잡지

Note: Almost all math periodicals are from membership organizations rather than freely available to members of the public.

171

찾아보기

173

찾아보기

175

이미지 저작권